Heike Haas

Flipchart

Das Praxisbuch für Einsteiger

mitp

Bibliografische Information der Deutschen Nationalbibliothek
Die Deutsche Nationalbibliothek verzeichnet diese Publikation in der Deutschen Nationalbibliografie; detaillierte bibliografische Daten sind im Internet über http://dnb.d-nb.de abrufbar.

Bei der Herstellung des Werkes haben wir uns zukunftsbewusst für umweltverträgliche und wiederverwertbare Materialien entschieden.
Der Inhalt ist auf elementar chlorfreiem Papier gedruckt.

ISBN 978-3-95845-677-8
1. Auflage 2018

https://www.mitp.de
E-Mail: mitp-verlag@lila-logistik.com
Telefon: +49 7953 / 7189 - 079
Telefax: +49 7953 / 7189 - 082

Druckprodukt mit finanziellem
Klimabeitrag
ClimatePartner.com/18246-2412-1001

Lektorat: Sabine Schulz
Sprachkorrektorat: Simone Fischer
Coverbild: Heike Haas
Satz: Petra Kleinwegen
Druck: ADverts in Riga, Lettland

für
MaPa

Inhalt

Einleitung

Visual Thinking ist das Zauberwort des neuen Jahrtausends. Was sich dahinter verbirgt, ist nichts anderes als das Denken in Bildern. Dabei verschafft uns sowohl das fertige Bild einen Denkanstoß als auch der Prozess des Zeichnens selbst.

Seit ich mich mit dem Thema Flipchart beschäftige, fehlte mir immer ein – für mich – passendes Buch zum Thema, das mir auf einfache Art und Weise die grundlegenden Basics vermittelt, ohne in eine große Materialschlacht auszuufern. Daher dachte ich, es sei an der Zeit für mein eigenes Buch. Gut nur, dass das der Verlag ebenso sah.

Für wen ist dieses Buch gedacht?

Dieser Flipchart-Kurs, wie du ihn gerade in Händen hältst, ist für Anfänger und Fortgeschrittene aus allen Berufsgruppen und Branchen gleichermaßen geeignet. Als Frischling unter den »Flipchartern« kannst du mit diesem Buch sicherlich eine gute Grundlage schaffen. Wenn du schon erste Erfahrungen mit der Visualisierung am Flipchart gemacht hast, kann dieses Buch dir mit seinen zahlreichen Vorlagen vielleicht noch weitere kreative Impulse liefern.

Was findest du alles in diesem Buch?

Kapitel 1 »Flipchart aus der Asche« bietet dir einen Einstieg in das Flipchart-Thema. Ich vermittle dir hier die Vorzüge der Arbeit mit diesem Medium.

In **Kapitel 2 »Material«** zeige ich dir die wichtigsten Materialien und schaffe einen kleinen Überblick über das, was man wirklich gut gebrauchen kann, um ansprechende Poster zu kreieren.

»Wer schreibt, der bleibt.« heißt es ja so schön. Und daher befasst sich **Kapitel 3 »Text und Schrift«** mit der Schrift und dem Schreiben an sich. Du erfährst, wie schönes und deutliches Schreiben im Stehen am Flipchart-Papier gelingt.

Kapitel 4 »Textboxen, Pfeile & Bulletpoints« ist – wie der Name schon sagt – den Textboxen, Bulletpoints und Pfeilen gewidmet. Hier erfährst du alles über den Einsatz dieser Elemente und wie sie einfach und sinnvoll gezeichnet werden können.

Bunt geht es in **Kapitel 5 »Farbe, Schatten & Effekte«** zu, denn jetzt legen wir mit Farben los. Du entdeckst, was Farbe für einen Zweck auf dem Flipchart erfüllt und wie sie sorgsam eingesetzt werden kann. Außerdem zeige ich dir, was die »Farbe« Grau so besonders macht und wie du sie als Schattenwerfer einsetzen kannst.

Spannend wird es für dich sicherlich vor allem in **Kapitel 6 »Piktogramme – kleiner Bilderkosmos«**. Ich erkläre dir, wann du Piktogramme am besten verwendest, wo du sie einsetzen und natürlich auch, wie du sie am einfachsten zeichnen kannst.

Mit Figuren und Tieren geht es im gleichnamigen **Kapitel 7 »Figuren & Tiere«** weiter. Ich verrate dir, wann Figuren und Tiere auf deinem Flipchart-Poster Sinn machen und stelle bereits erste Fragen nach der Abstraktion: Was unterscheidet den Hund von der Katze?

Kapitel 8 »Aufbau und Struktur« rundet den Basisteil dieses Buches ab. Darin geht es um den sinnvollen Aufbau eines Flipchart-Posters, und ich zeige dir die verschiedenen Strukturmöglichkeiten auf.

In **Kapitel 9 »Gute Visualisierung verlangt gute Abstraktion«** widme ich mich einem Thema, das ich bisher bei der Lektüre von Flipchart-Büchern schmerzlich vermisst habe: der Abstraktion in der Visualisierung.

Passend zur Abstraktion von Inhalten möchte ich dich gerne in **Kapitel 10 »Bildercodes knacken«** mit Bildercodes vertraut machen. Darin erkläre ich, wie wichtig es ist, Bilder auf den ersten Blick zu erkennen und zu verstehen und sich darüber im Klaren zu sein, dass es auch positiv und negativ besetzte Worte/Bilder gibt.

Kapitel 11 »Vorlagen gestalten« liefert dir einen breiten Fundus an Postervorlagen für viele verschiedene Gelegenheiten. Du kannst dich von diesem Kapitel inspirieren lassen oder einfach einige der Vorlagen abgeändert verwenden.

Wie du souverän durch einen hektischen Tag am Flipchart kommst, erfährst du in **Kapitel 12 »Visualisieren unter Zeitdruck«**. Da man leider nicht immer Zeit dazu hat, alles in Ruhe vorzubereiten, gebe ich dir hier eine kleine Flipchart-Notfallapotheke mit auf den Weg.

Kapitel 13 »Der kleine Humor möchte bitte am Ende des Buches abgeholt werden« ist mein Herzenskapitel für dieses Flipchart-Buch. Es wird dir einen Einblick über Humor und Emotion für deine Visualisierung geben. Du entdeckst, wie du Menschen mit deinem Flipchart-Poster berühren kannst und warum das so wichtig ist.

Im **Anhang »Literaturliste«** erhältst du eine Empfehlungsliste von wunderbaren Büchern rund um das Thema Flipchart, die einige der hier behandelten Themen noch weiter beleuchten.

Ich möchte dir für beinahe alle Übungen in diesem Buch den Tipp geben, sie auf dem großen Flipchart-Papier auszuprobieren. Das Schreiben im Stehen in großen Lettern und Schwüngen ist einfach etwas ganz anderes als das Schreiben und Zeichnen am Tisch auf kleinerem Papier. Probiere es einfach aus!

Außerdem findest du in den folgenden Kapiteln ab und an kleine Icons, die ich dir kurz erklären möchte:

 Das Ausrufezeichen steht für Achtung – aufgepasst!

 Der erhobene Zeigefinger weist auf einen Praxistipp hin.

 Der Stift weist auf eine Übung hin.

Jetzt wünsche ich dir erst mal viel Spaß beim Lesen, beim Entdecken und vor allem viel Freude beim ersten Aha-Moment.

Deine Heike aus dem *waschatelier*

Besuch mich doch gerne mal auf meiner Webseite oder auf Instagram – ich würde mich freuen.

www.waschatelier.de

Instagram: @waschatelier

Über die Autorin

Heike Haas ist in München geboren und gründete 2015 das waschatelier für Kunst & Kommunikation, das heute unter dem Namen »Atelier Haas« zu finden ist. Seither verknüpft sie ihre beruflichen Leidenschaften miteinander und ist als Illustratorin, Graphic Recorderin und Autorin tätig. Heike fertigt Projektillustrationen und Strategiebilder für mittelständische und große Unternehmen an, um die interne Kommunikation zu verbessern.

Ihr Herz schlägt außerdem für guten Wein und die Poesie. Die Autorin wurde für die Arbeit an ihren Gedichten mit dem Stipendium »Junge Kunst und neue Wege« des Freistaats Bayern bedacht.

Die Autorin lebt und arbeitet in München.

Danksagung

Mitten im Schreibprozess hatte ich ein Telefonat mit einer sehr guten Freundin. Ich sagte ihr, dass ich gerade eine Schreibblockade hätte und drei Kreuze machen würde, wenn das Buch endlich fertig sei. »Außerdem«, so erklärte ich weiter, »mache ich auf jeden Fall eine Buchparty, wenn es veröffentlicht ist.« »Au ja«, antwortete meine liebe Freundin euphorisch und völlig ernsthaft, »ich hab so tolle Bücher, die bringe ich dann gerne mit zur Buchparty!« »Bring gerne Bücher mit«, antwortete ich grinsend, »aber im Notfall könnte ich auch mein Flipchart-Buch präsentieren!« Wir lachten Tränen. Ich muss jetzt noch vor mich hin grinsen, wenn ich an diese Telefonepisode denke. Jetzt ist das Buch fast fertig, und es war gar nicht so leicht, es zu schreiben.

Blut, Schweiß und Tränen sind es nämlich nicht, die man dazu braucht, aber auf jeden Fall ziemlich viele Nerven. Und die hatten vor allem diejenigen nötig, die sich während der Entstehungsphase dieses Werkes in meinem Dunstkreis befanden. So möchte ich also folgenden Dank aussprechen:

Meiner Lektorin **Sabine Schulz** vom mitp-Verlag, die immer die richtigen Worte fand, um mich zu motivieren und mir gut zuzureden. Außerdem war sie von Anfang an überzeugt von meiner Idee und hat eine wunderbare Arbeit geleistet. Sie musste schließlich mein Kapitel-Wirrwarr entzerren, kritisch nachhaken und der zarten Autorenseele gut zureden. Danke Sabine auch für die tolle Weihnachts-Motivationskarte und den Lach-Flash, den du uns beiden beschert hast, als du am Telefon irgendwann einmal vom »armen Leser« gesprochen hast. Ich finde dich toll ☺!

Tanja Wehr, die völlig selbstverständlich den Kontakt zum mitp-Verlag für mich klarmachte und sofort sagte: »Oh ja, ein gutes Flipchart-Buch, das brauchen wir unbedingt.« Ich hoffe, ich kann deinem Wunsch gerecht werden, liebe Tanja.

Diana Meier-Soriat, die Kollegin, die »share & care« wirklich lebt und ihre KollegInnen immer mit neuen Materialtipps versorgt.

Matthias Schwert, der mich zu Beginn meiner Tätigkeit als Graphic Recorder freundlich unter seine Fittiche nahm, mir immer mit Rat und Tat zur Seite stand (und hoffentlich auch noch weiterhin steht) und sein Wissen großzügig mit mir teilte. Danke auch, dass du mich zum ersten w28-Treffen mitgenommen hast.

Die Ladies des **Graphic Recording Dschungels** 😉

Meiner **Schwester**, die immer und immer wieder sagte: »Mach das, du schaffst das. Geh deinen Weg.« Bei sachlichen Fragstellungen hatte sie nicht nur ein Ohr, sondern war immer mit Verstand bei der Sache, um mir ehrliches Feedback zu geben. Die Server-Kleiderschrank-Metapher ist einfach Bombe! Ach und, falls mitp mal ein richtig gutes Mathe-Erklärbuch rausbringen will, ich wüsste da jemanden, der ziemlich gut Mathe für SchülerInnen erklären kann …

Meinem **Bruder**, der sich als Tester in einen meiner Flipchart-Workshops einschleuste und mir ein Zertifikat für seine Teilnahme abrang.

Meiner **Mama**, die mich und meine Familie in einer schwierigen Zeit während der Entstehungsphase dieses Buches mit Essen und Rat und Tat versorgt hat.

Den **Herzensmenschen**. Ich weiß, meine Jammerei war oft nicht zu ertragen. Aber mit einem starken Espresso, einem guten Glas Rotwein und viel Liebe brachte er mich wieder auf Kurs. Dass zu Hause teilweise das gesamte Familienleben brachlag, nahm er stoisch hin. (Die Kinder fanden es wohl eher cool, dass ich fortan nicht mehr so oft beim Playstation-Zocken störte.)

1 Flipchart aus der Asche

Flipchart – ein Trend kehrt zurück

Der Begriff *Flipchart* kommt aus dem Englischen und bedeutet wörtlich übersetzt *Umblätter-Schaubild*.

Der deutsche Duden spricht keine Empfehlung aus, ob es sich um ein maskulines oder ein feminines Substantiv handelt. Für mich ist es jedenfalls *der* Flipchart und so werde ich den Begriff im Folgenden auch verwenden.

1.1: Der oder das Flipchart?

Erfunden wurde der Flipchart vom US-amerikanischen Unternehmer John Henry Patterson, der 1884 die National Cash Register Corporation (NCR) gründete – eine Firma, die mechanische Registrierkassen produzierte. Ab ca. 1900 nutzte Patterson den Flipchart zur Optimierung seiner Vertriebsmethoden. Damals konnte er natürlich nicht wissen, dass er ein bis heute viel genutztes Medium erfinden würde.

Du fragst dich vielleicht, warum der Titel dieses Kapitels *Flipchart aus der Asche* lautet. Ganz einfach. Flipcharts findet man nahezu in jedem Besprechungsraum. Aber lange Zeit sind sie eher stiefmütterlich behandelt worden. Will sagen, spätestens seit dem Einzug des Beamers in die Meetingräume dieser Welt war der analoge Flipchart doch eher abgemeldet.

1.2: Der Beamer verdrängte den Flipchart.

Phönix aus der Asche – ähm, *Flipchart aus der Asche* also deshalb, weil das analoge Visualisieren spätestens seit den Trendthemen Handlettering, Sketchnoting und Graphic Recording einen neuen Hype erfährt.

Für mich sind die herausragendsten Unterschiede zwischen Sketchnotes und dem Flipchart zum einen die Größe und die übersichtlichere Struktur und zum anderen die unmittelbare und manchmal auch interaktive Präsentation vor Publikum.

Vorteile des Flipcharts

Der Flipchart hat gegenüber diversen anderen Präsentationsmedien viele Vorteile. Hier ein Vergleich zum Whiteboard, mit dem man auch analog zeichnet:

Die Oberfläche des Whiteboards besteht meist aus einer weiß beschichteten Kunststoff- oder Metall-Porzellanoberfläche. Diese ermöglicht zwar das Abwischen von Text und Bildern und somit auch eine stete Wiederverwendung. Aber anders als auf dem Poster des Flipcharts rutscht der Stift schneller ab, man schreibt aufgrund der glatten Oberfläche automatisch schneller, und das Geschriebene verschmiert leichter. Auch wenn Papier eine Diva ist, schnell knickt oder auch reißen kann, können wir mit den Postern noch lange Zeit arbeiten, sie an die Wand hängen und sie auch für spätere Präsentationen immer wieder nutzen.

1.3: Analog vs. digital

Weitere Vorteile des Flipcharts sind:

- Auch wenn der Flipchart-Ständer eher etwas sperrig ist, so ist das Flipchart-Papier an sich doch recht mobil. Das Papier kann mithilfe von Kreppklebeband gut an glatten Oberflächen aufgehängt werden.
- Du brauchst für das Arbeiten mit dem Flipchart keinen Strom, kein Internet und keine speziellen Kabel. Papier und Stifte sind die einzigen Mittel, die die Visualisierung benötigt.
- Im Gegensatz zu Beamer & Co. ist der Flipchart einfach unmittelbarer und interaktiv einsetzbar. Spontane Einfälle können direkt auf das Poster geschrieben werden.
- Das Wunderbare am Flipchart ist, dass die Kombination aus Unmittelbarkeit und analogem Aufzeichnen eine tolle Verknüpfung darstellt.
- Zwischen dir und deinen Zuschauern entsteht eine sehr direkte Verbindung. Vorschläge aus dem Plenum können direkt aufgemalt werden, der Stift kann aber auch an den Nächsten weitergegeben werden, und am Ende wird anhand des Posters diskutiert und ergänzt.

- Oft wirkt sich diese Unmittelbarkeit derart aus, dass nicht nur auf das Papier gedeutet wird, um einen Sachverhalt zu erklären oder zu erfragen, sondern das Papier berührt wird.

Digital vs. analog

Analoges Zeichnen hat etwas sehr Unmittelbares. Es kann Gruppenprozesse in Gang setzen und Diskussionen fördern. Dennoch spielt für viele analog Zeichnende auch die Digitalisierung der Visualisierung eine nicht ganz unerhebliche Rolle. Um deine Poster eventuell auch später noch digital nutzen zu können, hast du verschiedene Möglichkeiten:

- abfotografieren
- einscannen lassen
- bestimmte App nutzen

Am schnellsten ist es sicherlich, das Flipchart-Poster einfach mit dem Handy abzufotografieren und es später ggf. in Photoshop nachzubearbeiten.

Weniger Nachbearbeitungsaufwand hat man, wenn man einen guten Scanservice in der Nähe hat, der die Poster digitalisiert.

Kurz vor Fertigstellung dieses Buches hat mich meine liebe Kollegin Diana Meier-Soriat (»Bullet Journal – Das Praxisbuch«) auf die Whitelines-App hingewiesen, die gut in Kombination mit dem passenden Papier funktioniert.

Du schreibst auf weißen Linien des Whitelines Papiers und fotografierst das Poster mit der App, die wiederum alle Linien aus dem Bild herauszaubert und das Flipchart-Poster so digitalisiert, als hättest du alles auf rein weißem Papier geschrieben.

Alles zum Whitelines-Papier und zur passenden App findest du hier: www.whitelinespaper.com

2 Material

Wenn du ein gutes Ergebnis erzielen möchtest, musst du nicht nur die dafür notwendigen Techniken kennen, sondern du benötigst auch gutes Material. Dieses Kapitel soll dir einen Einblick geben, welche Materialien wirklich hilfreich und sinnvoll sind, und natürlich will ich dir zeigen, was ich persönlich besonders gerne für meine Flipchart-Visualisierung nutze. Bei all den tollen Materialien, die auf dem Markt sind, beschränke ich mich auf das, was du wirklich brauchst, um mit dem Flipchart erfolgreich durchzustarten.

Ich möchte zunächst etwas über das passende Papier sagen und werde dir dann einen kleinen Überblick über die unterschiedlichen Stifte, Marker und Kreiden geben, deren Vorzüge und Nachteile beleuchten und dir meine ganz persönlichen Favoriten nahelegen.

Das Papier und die Aufhängung

Was kann es schon Wichtiges zum Thema Papier geben, denkst du jetzt vielleicht. Aber auch beim Papier kann man sich das Visualisier-Erleben deutlich erleichtern, wenn man auf ein paar Dinge achtet.

Flipchart-Papier hat in der Regel das DIN-Maß B1, ist also 71 cm x 100 cm groß. Die Maßangaben variieren bei verschiedenen Anbietern leicht. Neben den herkömmlichen Flipchart-Formaten gibt es auch deutlich kleinere Ausführungen, die zum Aufstellen für den Tisch gedacht sind. Das hierfür benötigte Papier hat die Maße 45 cm x 67 cm.

Wenn du dein Lieblingspapier gefunden hast, empfiehlt es sich natürlich – auch zwecks einer leichteren Lagerung –, sich auf eine einheitliche Papiergröße festzulegen.

Wenn du Flipchart-Papier bestellst, gibt es zwei unterschiedliche Liefermöglichkeiten. Meist ist es zu einem 5er Set zusammengerollt und wird in einem länglichen Pappkarton geliefert. Die zweite Variante, die ich für eher unpraktisch erachte, ist ein flaches Paket, in dem die fünf Flipchart-Blöcke aufeinanderliegen.

Die längliche Box ist sehr praktisch, da man in ihr die bereits gemalten Poster und Flipcharts einfach lagern und stapeln kann. Wenn man die Längsseite öffnet, kommt man problemlos an jedes Poster heran, das man vielleicht einmal wiederverwerten möchte. Es gibt mittlerweile wunderbare Arten, ein Flipchart-Poster aufzubewahren:

- Flipchart-Bügel
- Köcherboxen für ca. 12 Posterrollen
- Flipchart-Folien

Ich selbst bewahre meine Flipchart-Poster stehend in einem ausrangierten runden metallenen Wäschekorb auf. Für zu Hause gut, für das Büro dann vielleicht doch besser die Köcherbox.

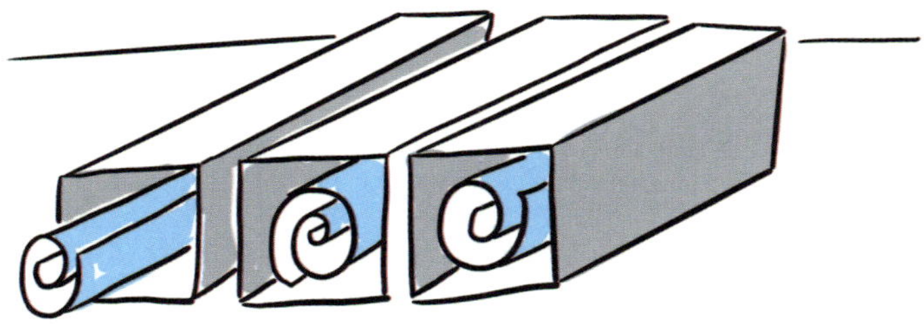

2.1: Poster im Lieferkarton aufbewahren

Neben dem klassischen Flipchart-Papier gibt es auch Flipchart-Folie. Ich selbst verwende sie zwar nicht so oft, aber für flexibles Präsentieren eignet sie sich ganz wunderbar.

Flipchart-Folie ist leicht zu transportieren und wird meist in einer Rolle aus 25 Blättern angeboten. Die Folie besteht aus reißfestem Polypropylen und hat eine ganz faszinierende Eigenschaft. Die einzelnen Folienblätter sind nämlich – dank Elektrostatik – auf nahezu jedem Untergrund selbsthaftend. Die Folienblätter sind perforiert, jede Seite lässt sich so Blatt für Blatt problemlos von der Rolle reißen, an die Wand hängen, wieder abnehmen und an eine andere Wand umhängen.

Wichtig beim Visualisieren auf dieser Folie: nur wasserfeste Marker oder Whiteboard-Marker verwenden, die man wieder abwischen kann. Einer meiner Kunden hat mir jüngst erzählt, dass alle von mir gezeichneten selbsthaftenden Flipchart-Poster wunderbar mit ins neue Büro umziehen konnten. Keine Risse, keine Knicke, keine hässlichen Kleberückstände an den Wänden.

Ich persönlich favorisiere allerdings das gute alte Papier für meine Poster und auch für meine Poster-Workshops. Papier hat eine griffige Oberfläche. Der Stift rutscht nicht so leicht ab, und gerade für Anfänger ist es daher leichter, auf richtigem Papier zu schreiben und zu malen.

Es gibt drei Kategorien von Flipchart-Papier:

- reinweißes Papier (ohne Orientierungshilfen)
- punktkariertes Papier (mit Punktraster oder Fadenkreuzen) oder
- kariertes Papier

2.2: Unterschiedliche Flipchart-Papiere

Anfängern empfehle ich zum Start das Karopapier.

Kariertes Papier bietet dir eine optimale Orientierungshilfe auf dem Blatt, du kannst leichter darauf schreiben, Zeilen einhalten und Inhalte übersichtlicher verteilen und strukturieren. Und auch, wenn du nicht gerade beim Üben bist, sondern spontan in einer Gesprächsrunde mitschreiben und zeichnen möchtest, empfiehlt es sich, das karierte Papier zu verwenden, um einfach auf der sicheren Seite zu sein.

Wenn dein Poster später digitalisiert werden soll, du aber im spontanen Visualisieren noch etwas unsicher bist, hilft dir vielleicht folgender Tipp: Dreh den Karoblock einfach um. Auf der Rückseite ist das Flipchart-Papier weiß, das Karomuster scheint aber durch die Seiten hindurch. Somit kannst du die Linien der Rückseite als Orientierung nutzen.

Das punktkarierte Papier ist für fortgeschrittene Visualisierer bestens geeignet. Es bietet durch Fadenkreuze oder Punkte eine Orientierungshilfe, die aber nur aus der Nähe erkennbar ist.

Reinweißes Papier hat den Vorteil, dass es sich später leichter einscannen oder abfotografieren lässt. Auch für die weitere digitale Nachbearbeitung eignet sich das reinweiße Papier besser. Außerdem sehen natürlich die leuchtenden Farben auf dem weißen Papier schöner aus als auf dem karierten Papier.

Ob du gebleichtes Flipchart-Papier oder das etwas dunklere Recycling-Papier verwendest, bleibt alleine dir überlassen. Ich verwende am liebsten das weiße.

Seit Neuestem gibt es Flipchart-Papier, das grau ist und weiße Linien hat. Mittels einer App verschwindet der graue Hintergrund nach Abfotografieren des Flipcharts, und die Inhalte deines Posters sehen aus, als hättest du alles auf weißem Papier gezeichnet.

Aufhängung

Im oberen Bereich hat das Papier eine Lochung, die es ermöglicht, den Block leicht auf den dafür vorgesehenen Flipchart-Ständer zu hängen. Wenn ein solcher Flipchart-Halter nicht vorhanden ist, kann das Papier ebenso bequem an eine Metaplanwand oder Pinnwand geheftet werden. Hierzu empfiehlt es sich, den Block zu teilen, damit das Papier nicht allzu schwer auf den Pins lastet.

Stecke die Pins etwas schräg in die vorgesehenen Flipchart-Papierlöcher, wenn du Seiten auf Metaplanwände aufziehst. Dann fällt das Papier nicht herunter.

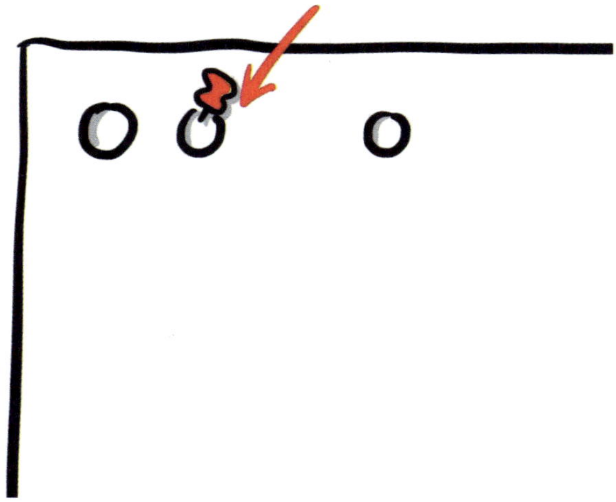

2.3: Pin von schräg oben in das Loch stecken

Falls jedoch nur eine glatte Wand vorhanden ist, empfiehlt es sich, das Papier mit Kreppklebeband aufzuhängen, dann am besten Blatt für Blatt.

Da Flipchart-Papier auf unterschiedlichste Art und Weise aufgehängt werden kann, hier ein paar Möglichkeiten:

- klassische Dreibein-Stativständer (manche Ständer sind sogar höhenverstellbar)
- Säulenständer mit Rollen
- die bereits erwähnten Flipchart-Aufsteller für den Tisch
- Metaplanwände, auf denen beidseitig Papier angepinnt werden kann
- oder die Haas'sche 2-Nägel-Aufhängung 😉

  Wer zu Hause üben und sich keinen kostspieligen Flipchart-Ständer kaufen möchte, kann einfach zwei Nägel in eine freie Wand schlagen. Die Löcher im Flipchart-Papier sind eine prima Aufhängung.

2.4: Lösung für zu Hause

Stifte

Neben dem richtigen Papier ist natürlich auch die Wahl der passenden Stifte eine wichtige Entscheidung, bevor du mit der Flipchart-Gestaltung loslegst.

Für den Anfang stelle ich dir eine kleine Auswahl vor, die du sicherlich nach und nach selbst erweitern kannst.

Für die Überschriften und Texte sowie Außenlinien von Textrahmen solltest du am besten einen dunklen Stift wählen. Ich starte am liebsten mit Schwarz. Wenn du Texte oder Textrahmen schreibst und malst, achte darauf, dass dein Marker wasserfest ist. Sonst kann es passieren, dass die später hinzugefügte Farbe (zum Beispiel Gelb oder Hellblau) verschmiert.

Bei den bekanntesten Markern der Firma Neuland, die ich wirklich gerne empfehle, ist der sogenannte Outliner mit einer signal-orangefarbenen Außenhülle versehen. So kannst du sehr schnell erkennen, ob du den richtigen Stift bestellst.

Außenlinien sollten wasserfest sein, damit weitere Farben nicht verschmieren.

Es gibt die Marker in unterschiedlichen Größen und mit verschiedenen Spitzen. Hier ein kleiner Überblick:

- Dicke Marker mit Keilspitze eignen sich für Überschriften, Texte und Textcontainer.
- Marker mit Rundspitze kannst du gut zum Zeichnen von Figuren verwenden.
- Marker mit Pinselspitze sind gut geeignet für Zierschriften.
- Dünne Marker mit Rundspitze kannst du wunderbar für kleinere Textpassagen einsetzen.

2.5: Die Keilspitze – ein Alleskönner

Marker mit Keilspitze können drei verschieden dicke Striche zeichnen:

- einen sehr feinen mit einer der oberen Ecken
- einen mitteldicken mit der zweitbreitesten Seite
- einen dicken Strich mit der breitesten Seite

Der Vielkönner mit der Keilspitze ist nicht nur ein toller Stift zum Malen, sondern hilft dir auch dabei, ein konsistentes Schriftbild zu erreichen. Das erläutere ich in **Kapitel 4 »Text und Schrift«** noch näher.

Bevor du mit der Postergestaltung beginnst, probiere zunächst einmal alle Pinselspitzen aus, die du vor dir liegen hast. Auch das Schreiben und Malen mit der Keilspitze bedarf einiger Übung. Versuch dich auch einmal an den drei verschiedenen Strichstärken der Keilspitze.

Neben den schwarzen Grundlinien, Textbausteinen und Textrahmen kann man sein Poster natürlich auch mit farbigen Markern etwas aufhübschen.

Zu Beginn der Visualisierung bist du vielleicht noch nicht so geübt, und du wirst schnell merken, dass ein Zuviel an Farbe das Poster schnell überladen kann.

Für den Anfang empfehle ich dir neben der Outliner-Farbe Schwarz noch zusätzlich ein helles Blau und ein kräftiges Rot. Das helle Blau deshalb, weil es keine bestimmte Bedeutung hat und sich wunderbar für Figuren und Piktogramme eignet. Die Farbe Rot erweist dir einen guten Dienst für wichtige Akzente.

Eine der wichtigsten Farben in der Visualisierung ist die Farbe Grau. Ich nenne sie immer den heiligen Gral der Visualisierung. Mit Grau zeichnest du später Schatten an deine Formen und Figuren. So tritt alles Gezeichnete etwas aus dem Papier hervor und gewinnt an Dreidimensionalität. Mehr hierzu erfährst du in **Kapitel 6 »Piktogramme – kleiner Bilderkosmos«**.

Kreiden

Für manche Posterinhalte bietet sich ein farbenfrohes Layout an, andere wiederum sollten schlicht gehalten werden. Ob du es bunt magst, liegt bei dir. Doch beim Kolorieren des Posters geht es nicht immer ausschließlich um eine schöne Optik. Bestimmte Farben haben von jeher eine bestimmte Bedeutung, und du kannst mit diesen Farbcodes den Inhalt deines Flipchart-Posters unterstreichen.

Die Marker habe ich dir bereits im Abschnitt *Stifte* vorgestellt. Nun möchte ich dir noch zeigen, wie du Kreiden für deine Visualisierung einsetzen kannst.

Einfach in der Handhabung sind Wachsmalkreiden. Du kennst sie sicherlich noch aus deiner Grundschulzeit. Beim Kauf solltest du darauf achten, dass du Wachsmalblöcke kaufst, nicht Wachsmalstifte. Wachsmalblöcke gibt es in vielen Farben von unterschiedlichen Herstellern. Die Maße eines Blockes sind ca. 4 x 2 x 1 cm.

2.6: Einsatzmöglichkeiten von Kreide

Was ich an den Wachsmalblöcken mag ist, dass sie sich verschiedentlich einsetzen lassen. Wenn du nur mit der Kante oder Ecke malst, sind die Farben satt und markant. Nutzt du die Längsseite zum Malen, können große Bereiche auf dem Papier leicht eingefärbt werden. Der Farbauftrag ist dann pastellig und sanft. Ich persönlich setze diese Kreiden allerdings nicht so gerne ein, da sie meiner Ästhetik einfach nicht entsprechen. Aber dennoch möchte ich sie dir einmal vorgestellt haben.

Von den Wachsmalkreiden komme ich nun zu den Pastellkreiden. Vielleicht sind dir diese ja schon einmal im Kunstunterricht der Schule begegnet. Kannst du dich erinnern, dass es gar nicht so einfach war, mit ihnen zu zeichnen?

Bei der Verwendung von Pastellkreiden auf deinem Poster sorgen diese – wie der Name schon sagt – für einen pastelligen Farbauftrag.

Im Gegensatz zu den Wachsmalkreiden können die Pastelle eine Fläche sehr feinporig ausfüllen. Das sieht etwas eleganter aus als der Farbauftrag mit Wachsmalkreide. Inzwischen gibt es neben den herkömmlichen Pastellkreiden auch Pastelle, die in kleinen Näpfen angeboten werden. Die Kreide wird aufgenommen, indem ein Schwamm in den Napf getunkt wird, dann wird sie mit diesem auf das Papier aufgetragen.

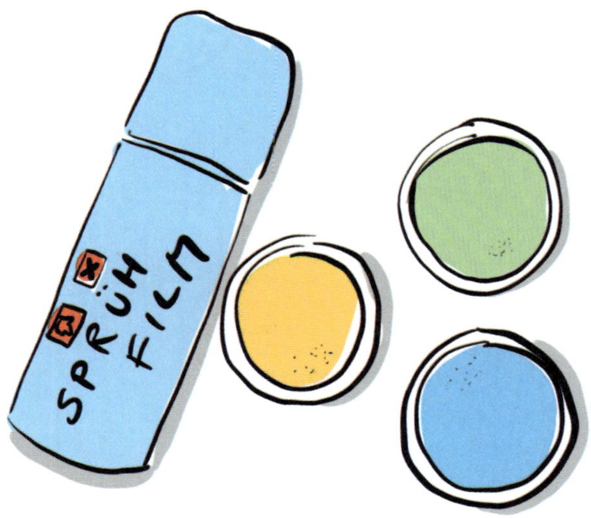

2.7: Pastellkreide

Der Gebrauch von Kreiden jeglicher Art erzeugt immer Feinstaub, der dir in die Nase kriecht und sich auf deinen Klamotten niederlegt.

Falls du Pastelle einsetzt, solltest du das fertige Bild auf jeden Fall fixieren. Pastelle bestehen aus nicht fixierten Pigmenten, die sich vom Malgrund wieder lösen können. Einige meiner Kollegen nutzen hierfür Haarspray. Ich persönlich denke, dass ein professionelles Fixierspray besser, allerdings auch teurer ist.

Kleine Helferlein

2.8: Immer zur Hand

Neben den üblichen Zeichenutensilien empfehle ich dir außerdem noch folgende Hilfsmittel für das Visualisieren am Flipchart:

- Selbstklebende Haftnotitzzettel

  Diese helfen dir dabei, ein besseres Gefühl für die Aufteilung auf dem großen Papier zu bekommen. Klebe die Zettel auf dein Flipchart-Poster, um herauszufinden, an welcher Stelle sich Überschriften gut machen würden oder an welcher Stelle auf dem Papier noch Platz für Piktogramme oder Pfeile ist.

- Bleistift und Radiergummi

  Wenn's mal knifflig wird, sind diese beiden die heimlichen Helden. Egal ob doppelwandige Buchstaben, das Vorzeichnen schwieriger Piktogramme oder einfach nur Hilfslinien ziehen – beim Einsatz dieser beiden Kollegen braucht man sich nicht zu genieren.
- Klebeetiketten und Tipp-Ex-Roller – wenn mal was daneben geht und du kaschieren musst. Unaufhaltsam im Kampf gegen Fehlerteufel. Mehr dazu findest du in **Kapitel 12 »Visualisieren unter Zeitdruck«**.

Und was du alles mit diesen ganzen Materialien anstellen kannst, erfährst du ab dem nächsten Kapitel.

3 Text und Schrift

Ein Flipchart-Poster besteht im Idealfall aus einer Mischung von Bildern und Text. Bilder lockern die Textpassagen auf und heben deren Bedeutung hervor. Wichtige Inhaltspassagen können außerdem mithilfe einer Visualisierung vom Betrachter nachhaltiger abgespeichert werden.

Dennoch bleibt der Text zunächst der wichtigste Bestandteil deines Posters, denn der Inhalt steht immer über der Form.

Da du den Text für dein Flipchart-Poster nicht einfach am Computer tippen kannst, sondern mit der Hand schreibst, sollte er einige Kriterien erfüllen. Bevor wir uns also dem Schreiben widmen, möchte ich vorab einige grundsätzliche Dinge zum Thema Text loswerden.

Grundsätzliches zu Text

Es ist wichtig, dass du den Text auf deinem Flipchart in verschiedene Bereiche aufteilst. Das dient zum einen der leichteren Lesbarkeit, aber zum anderen auch der Priorisierung der Inhalte.

Text kann Bilder ergänzen, einzelne Worte können auch als Schlagwörter eingesetzt werden. Auf folgende Regeln solltest du beim Schreiben auf dem Flipchart immer achten:

- Finde Überschriften und Unterüberschriften für die verschiedenen Inhalte (Bereiche).
- Schreibe stichpunktartig oder in kurzen Sätzen unter die Überschriften.
- Vermeide Trennstriche.
- Vermeide Abkürzungen und Fremdwörter.
- Lerne, dich zu beschränken (zu viel Text wirkt schnell unübersichtlich).

- Buchstaben sollten sich nicht berühren.
- Zeilenabstände sollten gleichmäßig sein – mindestens ein halbes Karo (auf dem Karopapier).

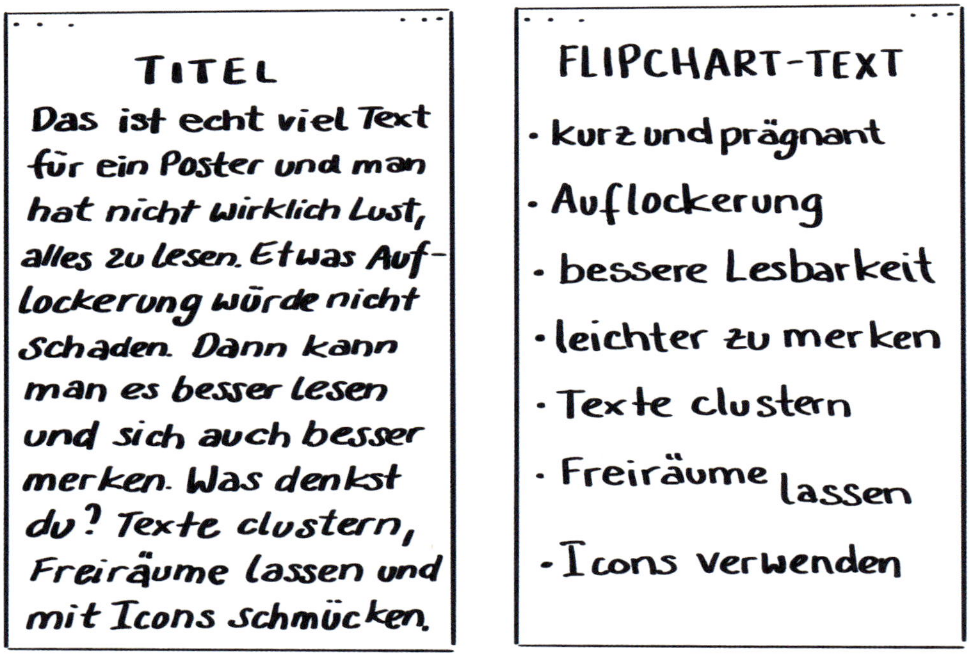

3.1: Bei den Texten gilt: weniger ist mehr.

Trete ab und an einen Schritt vom Flipchart zurück, um zu überprüfen, ob die Größe der Buchstaben gut zu lesen ist.

Um Einteilungen und Abstände besser einschätzen zu können, fertige dir am besten auch vorab eine Skizze auf DIN A4 an. Das Schreiben auf großem Format bedarf Übung und auch etwas mehr Konzentration als auf kleinem Papier.

Darum: Übe auf Flipchart-Papier!

Schrift

Die Grundlage eines ansprechenden und sinnstiftenden Posters ist eine leserliche Schrift. Kennst du die Situation, wenn du vor anderen auf einem Whiteboard oder auf einem Poster schreiben sollst, um etwas zu erklären? Meist wird der Text einfach schnell und nicht wirklich leserlich aufs Papier geschrieben, und auf der Tonspur wird etwas dazu erklärt. Wochen später kann man das Geschriebene gar nicht mehr richtig entziffern. Vor allem fremde Schriften lassen sich schwer lesen, wenn noch dazu undeutlich geschrieben wurde.

Lass uns nun gemeinsam in die Flipchart-Gestaltung einsteigen und mit dem Schreiben beginnen. Am besten lernst du, wenn du direkt im Stehen auf das große Flipchart-Papier schreibst. Hierzu solltest du einen Flipchart-Bogen an die Wand oder an deinen Flipchart-Ständer hängen.

Das Schreiben im Stehen ist am Anfang sicherlich gewöhnungsbedürftig. Aber genau das unterscheidet das Arbeiten mit dem Flipchart von den herkömmlichen Präsentationen auf kleineren Formaten oder in PowerPoint.

Starte als Anfänger am besten mit dem karierten Papier, das dir – wie bereits erwähnt – eine gute Orientierung bietet.

Vielleicht denkst du jetzt: »Schreiben kann ich doch, wieso soll ich das üben?«

3.2: Schreiben auf dem Flipchart will geübt sein.

Ein berechtigter Einwand. Aber ich kann dir genau erklären, warum ich das Üben von leserlicher Schrift so wichtig finde.

Zunächst einmal ist es gut, das Schreiben im Stehen auszuprobieren und sich mit den beiden Markern (Rund- und Keilspitze) vertraut zu machen. Den Umgang mit den Markern kann man wunderbar beim langsamen Schreiben von Buchstaben üben, indem man Auf- und Abstriche zieht. Das leere weiße Blatt mit Leben zu füllen ohne gleich an »das große Werk« denken zu müssen, ist eine wunderbare Lockerungsübung.

Wenn wir schnell etwas auf Papier schreiben – egal in welchem Format und unabhängig von Druck- oder Schreibschrift –, passiert es schnell, dass wir die Buchstabenöffnungen, die sogenannten Punzen, nicht freilassen. Die Schrift wird unleserlich – aus einem »a« wird mal eben ein »o«. Das folgende Bild zeigt das Problem auf.

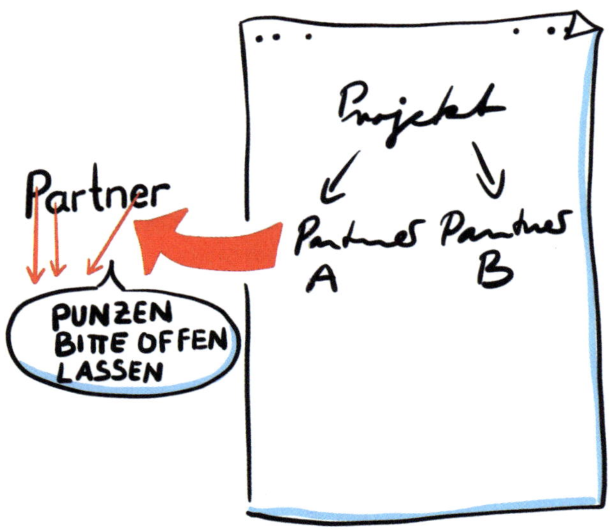

3.3: Punzen immer offen lassen

Eine der wichtigsten Regeln beim Schreiben ist: Schreibe immer so, dass die Punzen klar und deutlich als solche erkennbar sind. Die Öffnungen der Buchstaben müssen offenbleiben.

Lass uns das doch gleich einmal gemeinsam probieren und mit dem Schreiben starten. Hierzu verwendest du am besten für den Anfang einen Marker mit Rundspitze, der dir zu Beginn das Schreiben etwas erleichtert.

Schreibe deinen Namen einmal in Großbuchstaben und einmal in Kleinbuchstaben auf das Papier. Achte dabei darauf, dass die Buchstaben immer denselben Abstand zueinander haben.

- Schreibe in Klein- und Großbuchstaben auf dein Poster. Kleine Buchstaben lassen sich schneller schreiben als nur große und sind leichter lesbar.
- Ziehe den Stift, um den Buchstaben zu schreiben – schiebe ihn niemals in Richtung Stiftspitze.
- Achte darauf, alle Punzen immer geöffnet zu schreiben.
- Gleichmäßige Ober- und Unterlängen helfen dabei, ein ordentliches Schriftbild zu erzielen.

Klar, bei runden Buchstaben kommt man oftmals nicht umhin, den Stift manchmal kurz zu schieben. Aber probiere einmal aus, das »O« zum Beispiel in zwei Schritten zu ziehen, statt in einem Schwung zu schreiben.

Für mich war dieser Tipp am Anfang meiner eigenen Flipchart-Übungen sehr hilfreich für das schöne Schreiben, das immer ein wenig meine Schwachstelle war.

Auch für Buchstaben wie das große »M« und das große »W« kann ich dir einen Rat mit auf den Weg geben. Oftmals schreiben wir diese Buchstaben in einem Rutsch. Versuche, diese beiden in einzelnen Strichen zu schreiben und alle Striche immer von oben nach unten zu ziehen. Du wirst sehen, dass das auf einmal ganz anders aussieht.

Stell dich vor dein Papier und schreibe das gesamte Alphabet zunächst einmal in Großbuchstaben und dann in Kleinbuchstaben auf. Achte darauf, dass jeder Großbuchstabe drei Kästchen, jeder Kleinbuchstabe zwei Kästchen hoch ist, dass alle Punzen offen sind und sich die einzelnen Buchstaben nicht berühren.

3.4: So lassen sich Buchstaben gut leserlich schreiben.

Schreiben mit dem Keilstift

Falls du schon etwas geübter bist, kannst du dich auch schon gleich am Marker mit der Keilspitze versuchen. Das wird dich vielleicht etwas herausfordern, aber das Ergebnis kann sich sehen lassen.

Generell empfehle ich dir, deine Flipchart-Poster mit dem Keilstift zu schreiben, denn:

- der Keilstift schreibt die Buchstaben fetter als ein Stift mit Rundspitze und ist somit von ferne besser lesbar;
- der Keilstift bietet drei verschiedene Strichstärken, die du spontan und ad hoc am Flipchart einsetzen kannst.

Die Moderationsmarker von Neuland haben außen zwei praktische Griffmulden, die den Daumen und den Zeigefinger genau dorthin leiten, wo sie liegen sollen.

Wenn du Rechtshänder bist, sollte die höchste Spitze der Keilspitze nach links unten schauen, also auf ca. 20 Uhr zeigen. Anders verhält es sich, wenn du Linkshänder bist. Dann sollte der Stift so in der Hand liegen, dass die Spitze auf ca. 14 Uhr zeigt.

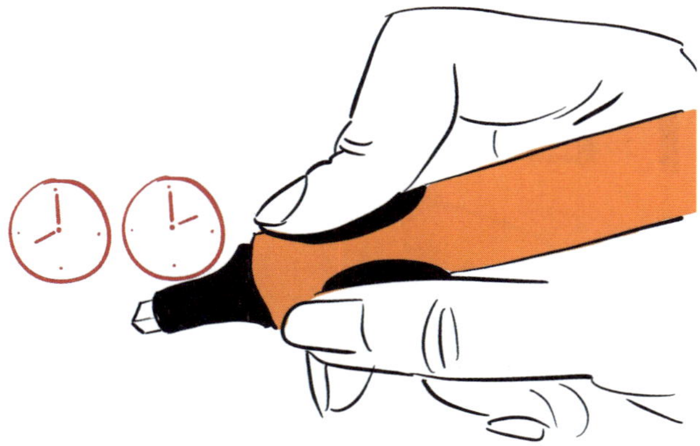

3.5: Rechtshänder auf 20 Uhr – Linkshänder auf 14 Uhr

Die Keilspitze sorgt dafür, dass die Buchstaben unterschiedlich breite Striche bekommen. Lass dich darauf ein und achte darauf, dass du den Stift in der Hand nicht drehst. So entsteht ein konsistentes Schriftbild.

Grundsätzliches zur Schrift

Wie groß muss die Schrift sein?

Die Schriftgröße deiner Buchstaben auf dem Flipchart-Papier hängt ganz und gar von der Größe der Gruppe ab, mit der du arbeitest. Der Flipchart ist natürlich nicht unbegrenzt einsetzbar. Die Papiergröße eignet sich im Regelfall eher für kleinere Gruppengrößen. Dennoch habe ich auch schon erlebt, dass mit mehreren Flipcharts auch eine Gruppengröße von 80 Leuten bedient werden konnte. Das ging allerdings nur, indem in Kleingruppen von einem Flipchart zum nächsten gezogen wurde.

Bei einer Teilnehmerzahl von 1 bis 10 Personen sollte die Buchstabengröße auf deinem Papier nicht unter 3 cm sein.

Bis 20 Personen solltest du deine Buchstaben auf jeden Fall 4 cm groß schreiben.

Die Höhe der Buchstaben

Achte beim Schreiben immer darauf, dass die Ober- und Unterlängen der kleinen Buchstaben alle auf derselben Höhe liegen.

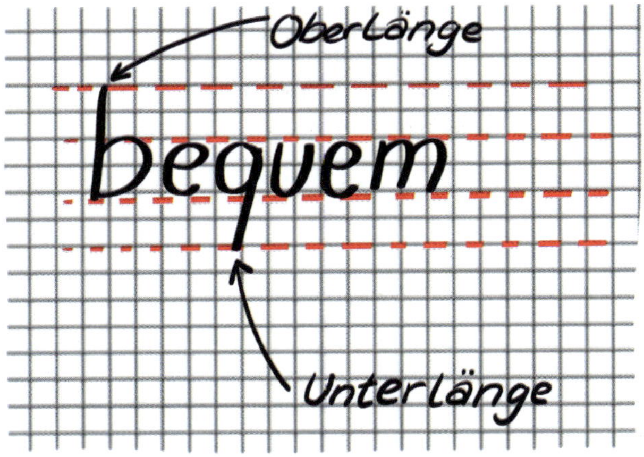

3.6: Ober- und Unterlängen beim Schreiben

Es gibt die weit verbreitete Regel, Buchstaben im Verhältnis 1/5 – 3/5 – 1/5 zu schreiben. Der Buchstabenkörper ist 3/5 hoch, die jeweilige Ober- oder Unterlänge jeweils 1/5.

Ich persönlich favorisiere die Aufteilung 1/4 – 2/4 – 1/4, die mir einfach leichter von der Hand geht. Probier es doch einfach mal selbst aus.

3.7: Die Fünftel-Einteilung

Zum Thema Zeilenabstände und Groß- und Kleinschreibung gibt es unterschiedliche Empfehlungen unter den Visualisierern. Ich möchte dich daher darauf hinweisen, dass meine Tipps und Vorgehensweisen reine Vorschläge beziehungsweise Ratschläge sind und das wiedergeben, was ich am besten finde. Dogmatisch sind diese Ratschläge nicht. Wenn du für dich eine bessere Methode herausfindest, ist das völlig in Ordnung. Für mich gibt es kein Richtig oder Falsch.

Die von der Firma Neuland erstellte und mittlerweile sehr populäre »Moderationsschrift« hilft dir dabei, erste Schritte in Richtung leserliche Druckschrift zu machen. Auf der Webseite kann man sich Übungskarten herunterladen und die Schrift sogar als Font in Word verwenden:

www.neuland.ch/download-moderationsschrift

Ich bin ich ein Verfechter eines individuellen Schriftbilds und möchte dich auf jeden Fall dahin gehend ermutigen, deinen eigenen Schriftstil zu verbessern und später weiter zu pflegen. Eine Handschrift ist etwas sehr Individuelles und Bewahrenswertes.

Zeilenabstände

Auf deinem Flipchart sollten die Zeilenabstände so gut wie möglich einheitlich eingehalten werden. Wenn du damit beginnst, zwei Karos Abstand zum nächsten Textbaustein zu halten, sollte dieser Abstand konsequent durchgehalten werden. Sonst leiden Übersichtlichkeit und Lesbarkeit darunter.

Ausnahmen bestätigen ja bekanntermaßen die Regel. Ab und an kann es schon passieren, dass du Platz für ein bestimmtes Piktogramm lassen möchtest und dadurch den Zeilenabstand bei einem bestimmten Textbaustein etwas verschieben musst. Kein Beinbruch – achte einfach darauf, dass trotzdem die Struktur und Lesefreundlichkeit gewährleistet bleibt.

Ein Beispiel dazu findest du im folgenden Bild:

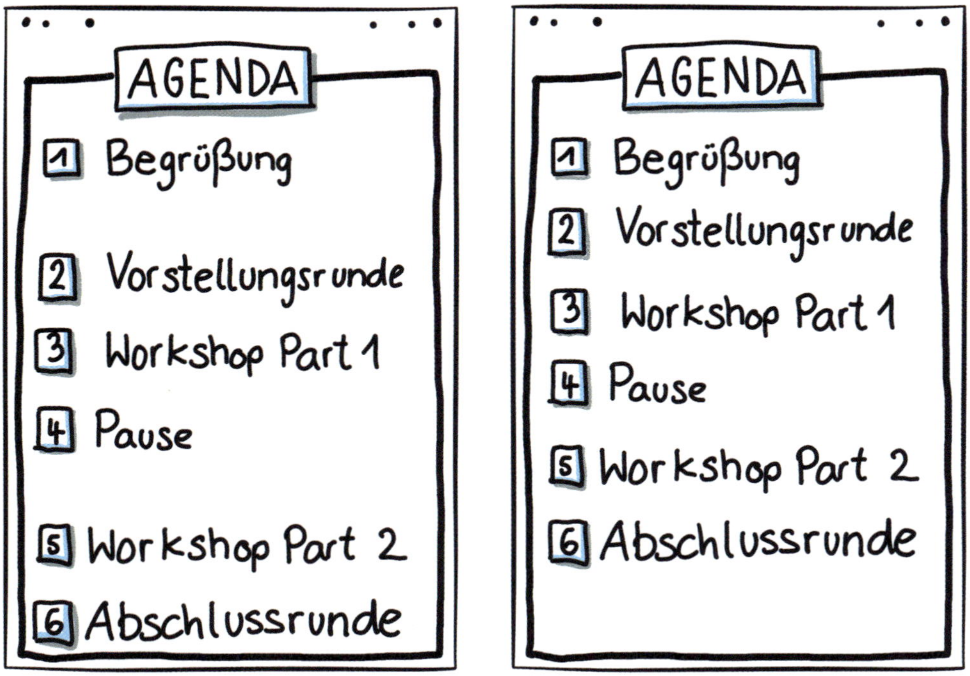

3.8: Keine Kunst, aber Ordnung muss sein.

Druckbuchstaben oder Schreibschrift?

Generell empfiehlt es sich, in Druckbuchstaben auf das Flipchart-Papier zu schreiben. Druckbuchstaben sind besser lesbar.

Allerdings kannst du, wenn du etwas geübter im Schreiben auf dem Flipchart bist, auch punktuell Schreibschrift als Gestaltungselement einsetzen; etwa dann, wenn du Redebeiträge auf dem Flipchart sammeln willst. Zitiertes kann man gestalterisch schön einbauen, indem man es in Schreibschrift in Sprechblasen schreibt. Auf die Sprechblasen gehe ich in **Kapitel 4 »Textboxen, Pfeile & Bulletpoints«** noch genauer ein.

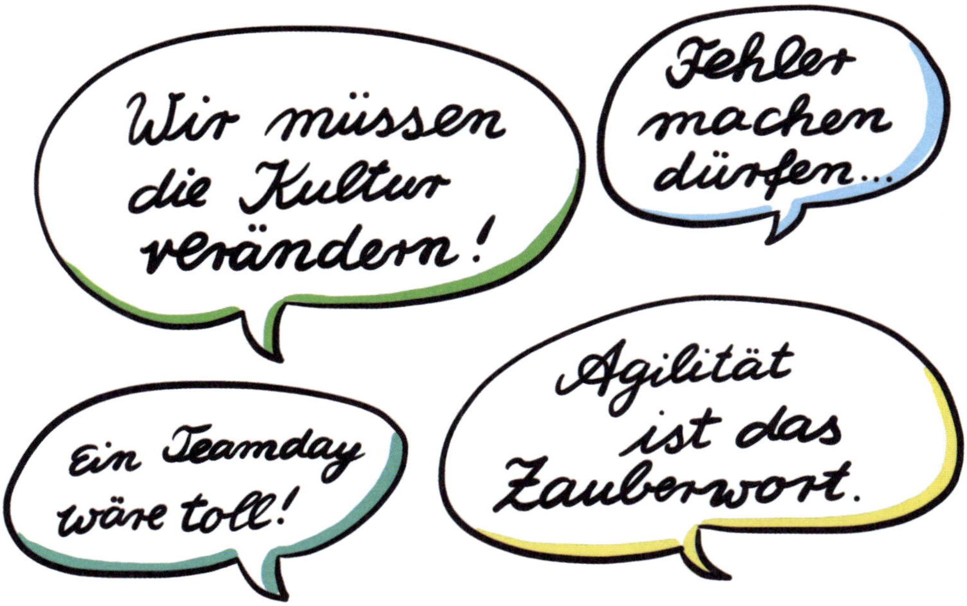

3.9: Sprechblasen für Zitate

Großbuchstaben oder Kleinbuchstaben?

Die gängige Groß- und Kleinschreibung sollte auch auf dem Flipchart verwendet werden. Eine reine Großschreibung kann sinnvoll sein, wenn du verschiedene Überschriften durch die Schreibweise hierarchisieren möchtest. Generell gilt jedoch, dass Kleinbuchstaben besser gelesen werden können als Worte, die ausschließlich aus Großbuchstaben bestehen.

Schreibe nur Themenüberschriften durchgehend in Großbuchstaben (Majuskeln), für untergeordnete Titel oder Text verwende einfach die gängige Groß- und Kleinschreibung .

Auf dem Flipchart-Papier hast du natürlich eine Menge Platz, aber die Seitenverhältnisse und die Größenverhältnisse sind dieselben wie auf kleineren DIN-Formaten. Es bedarf jedoch einiger Übung, den Raum auf einem großen Papier auch wirklich auszunutzen, weshalb ich dir dringend rate, die Schreibübungen gleich auf großen Papier durchzuführen.

Wenn du schnell schreibst, machst du lustigerweise weniger oft Fehler beim Schreiben – sofern du keine Rechtschreibschwäche hast. Diese stellt sich allerdings ganz schnell ein, wenn du Worte nur in Großbuchstaben schreibst. Ist dir das schon einmal aufgefallen?

Schreibe auf dein Flipchart-Poster ausschließlich in großen Lettern (jeder Buchstabe hat die Höhe von drei Kästchen) die folgenden Begriffe. Achte darauf, dass jeder Begriff nur so breit sein darf wie dein Blatt. Die Worte dürfen nicht getrennt werden. Auch hier gilt: Die Buchstaben sollten sich nicht berühren.

- RASENMÄHERVERLEIH
- FRUCHTSAFTPRESSE
- SCHORNSTEINFEGER
- SCHICHTARBEITERIN

Jetzt hast du dich wahrscheinlich sehr konzentriert, um ja keinen Buchstaben auszulassen. Aber es sei dir gesagt, dass es selbst mir beim Graphic Recording noch ab und zu passiert, dass ich bei rein großen Buchstaben einfach einen auslasse. Da kann dann schon mal »SCHORNSTEINFGER« auf dem Papier stehen. Aber Fehler passieren nun einmal, und das ist absolut in Ordnung. Wie man diese kaschiert, kannst du in Kapitel 13 »Visualisieren unter Zeitdruck« nachlesen.

Wahrscheinlich hast du auch bemerkt, dass es gar nicht so einfach ist, die langen Worte in Großbuchstaben optimal an den Platz anzupassen, der vorhanden ist, vor allem, wenn man die Begriffe nicht trennen möchte.

Generell solltest du darauf achten, dass deine Worte in eine Zeile passen bzw. keinen Trennstrich benötigen.

Ist das aber nicht machbar, weil Begriffe wie »Prozessoptimierung«, »Nachhaltigkeitsrichtlinie« oder »Maßnahmenpaket« einfach zu lang sind, trenne sie auf jeden Fall und quetsche sie nicht in die Zeile.

3.10: Großbuchstaben haben ihre Tücken.

Das Pangramm

Weißt du, was ein Pangramm ist? Das ist ein Satz, der alle Buchstaben des Alphabets enthält. Es gibt Pangramme mit Umlauten und ohne Umlaute.

Schreib doch mal das folgende Pangramm in zwei verschiedenen Varianten. Einmal in der 5/5- Aufteilung und einmal in der 3/3-Aufteilung. Was gefällt dir besser?

»Jeder wackere Bayer vertilgt bequem zwo Pfund Kalbshaxen.«

Gestaltungsmöglichkeiten

Lass uns nun einen kurzen Blick auf die unterschiedlichen Gestaltungsmöglichkeiten werfen, die du beim Schreiben hast. Du kannst in reinen Großbuchstaben schreiben – die Tücke dahinter haben wir ja soeben beleuchtet. Überschriften in rein großen Buchstaben sehen allerdings auf jeden Fall gut aus und zeigen auch gleich die Hierarchie der Titel an.

3.11: Überschrift in Großbuchstaben

Seit Mitte 2017 gibt es einen offiziellen Beschluss des Rates für deutsche Rechtschreibung, nach dem das scharfe s nun auch als Großbuchstabe vorhanden ist. Es sieht aus wie eine Mischung aus großem B und ß. Warum dieser Hinweis? Weil ich oft gefragt werde, ob in Überschriften mit rein großen Buchstaben das scharfe s zum Doppel-s wird. Die Antwort ist ein ganz klares Nein – also nun.

Das Schreiben ausschließlich in Großbuchstaben ist auf Dauer für die Arbeit am Flipchart sehr mühselig und dauert auch länger. Ich empfehle dir daher, die gängige Groß- und Kleinschreibung zu verwenden, die dich dazu befähigt, sehr schnell zu schreiben. Achte aber darauf, dass die Punzen offen bleiben.

Kapitälchen

Eine weitere gestalterisch schöne Möglichkeit ist das Schreiben in Kapitälchen. Der erste Buchstabe ist groß, die folgenden sind zwar rein formal auch Großbuchstaben, werden aber insgesamt etwas kleiner geschrieben als der erste Buchstabe. Diese Schreibart erfordert etwas Übung, gerade dann, wenn es schnell gehen soll.

3.12: Gestalten mit Kapitälchen

Der Dreh mit dem Querstrich

Eine sehr einfache Gestaltung beim Schreiben ist das konsequente Setzen des Querstriches auf immer derselben Höhe. Selbst wenn du kein Ass im Schönschreiben bist, ist diese Methode leicht umsetzbar und erzeugt ein schönes Schriftbild.

Hierzu musst du konsequent die Querstriche deiner Großbuchstaben immer auf derselben Höhe platzieren – entweder sehr weit oben, sehr weit unten oder in der Mitte. Auch die Schnittpunkte, also, die Punkte, in denen sich zwei Linien eines Buchstabens treffen, sollten dann auf dieser gewählten Linie liegen.

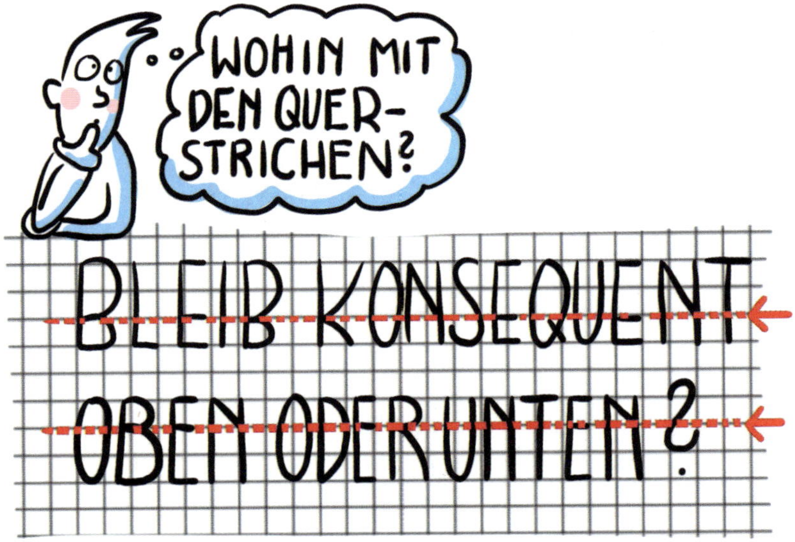

3.13: Querstriche auf einer Höhe

Schreibe einfach einmal das ganze Alphabet in Großbuchstaben auf das Papier. Achte darauf, dass deine Hand mit dem Marker verschmilzt. Die Bewegung kommt nur aus dem Handgelenk. Orientiere dich, was die Längen der Buchstaben anbelangt, an den Karo-Linien des Papiers. Für diese Übung gilt: Jeder Buchstabe soll drei Kästchen hoch sein. Die Querstriche sollten alle auf einer Linie liegen, wie bereits oben beschrieben.

Serifen & Co.

Manchmal werde ich in meinen Workshops auch danach gefragt, ob es empfohlen wird, manche Titel in Serifen auf das Poster zu schreiben.

Serifen sind die kleinen Querstriche am Ende einer Buchstabenlinie. Am PC ist z. B. Times New Roman eine Serifenschrift. Serifenschriften können vom Auge sehr gut gelesen werden, da die Serifen eine kleine Verbindung zwischen den Buchstaben schaffen und eine optische Grundlinie des Geschriebenen darstellen. Ursprünglich sind die Serifen beim Buchstabenmeißeln zur Römerzeit entstanden. Der Abschlag am Ende mit dem Meißel verursachte die Serife.

3.14: Schriftvarianten, oben eine Serifenschrift

Generell sind deinem Gestaltungsdrang keine Grenzen gesetzt, also probiere einfach alles aus. Für das Schreiben in Serifen muss man allerdings Zeit haben. Wenn überhaupt, empfehle ich wirklich nur den Titel zu lettern, und das auch nur, wenn es auch inhaltlich Sinn macht.

Selbstverständlich kannst du auch weitere kreative Gestaltungsformen für deine Buchstaben anwenden. Ob fett, kursiv oder Schönschrift – alle Umsetzungsmöglichkeiten können einem sinnvollen Zweck für dein

Poster dienen. Hier ein paar Vorschläge für die kreative Gestaltung deiner Buchstaben:

- Doppelwandige Buchstaben
- Aus Schatten bestehende Buchstaben
- Bubble-Schrift
- Fake Brushlettering

Doppelwandige Buchstaben brauchen zwar etwas Übung und sind auch nicht so schnell auf das Papier gebracht, haben aber eine enorme Präsenz. Besonders beliebt ist die sogenannte Angular-Schrift, die wir aus Comics kennen. Dabei ist wichtig, dass der Anfangs- und der Endbuchstabe des Wortes auf einer Linie liegen. Die Buchstaben dazwischen müssen sich nicht unterordnen. Bei der doppelwandigen Angular-Schrift liegen die einzelnen Buchstaben hintereinander – es ist kein Zwischenraum erkennbar.

Wenn du dich am Anfang etwas schwertust, doppelwandige Buchstaben zu zeichnen, schreibe einfach zuerst mit Bleistift vor und umrande die Buchstaben dann.

3.15: Doppelwandige Buchstaben machen sich gut als Poster-Titel.

Oder mach es einfach wie der deutsche Illustrationspapst Felix Scheinberger, der seine Illustrationen mit doppelwandigen Buchstaben verziert. Die einzelnen Segmente der Buchstaben überlappen einfach.

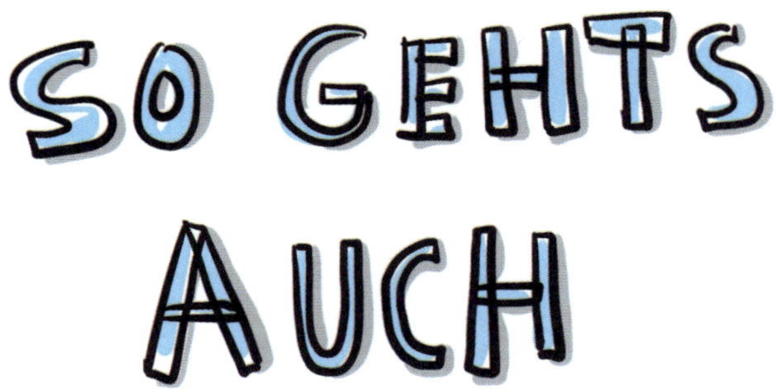

3.16: Mach es dir einfach ...

Wort-Bild-Kombinationen

Nach all diesen formalen Dingen über das Schreiben von Buchstaben wird es nun Zeit, etwas kreativer zu werden. Ich möchte dir gerne einige einfache Gestaltungsmöglichkeiten vorstellen, wie du ganz simple Worte auf deinem Flipchart zu kleinen Visualisierungen umgestalten kannst.

Warum? Mit einem vorbereiteten Flipchart-Titel kannst du ganz einfach Interesse für ein Gesprächsthema wecken und neugierig machen, sobald die Teilnehmer den Raum betreten. Der Betrachter wird durch die unkonventionelle Umsetzung sofort aufmerksam, und der spielerische Umgang mit Wort-Bild-Kombinationen kann Diskussionen in Ganz setzen.

Außerdem ist es eine erste sehr leichte Übung für dich, die Spaß macht und deine Kreativität etwas anregen soll.

3.17: Einfache Wort-Bild-Kombinationen

Um Worte in kleine Bilder zu verwandeln, musst du dir nur einmal ihren Sinn vor Augen führen. In den folgenden Bildern findest du ein paar Beispiele zum Ausprobieren.

3.18: Mit Worten gestalten

3.19: Strich für Strich zur »Vehlerkultur«

Warum schlage ich dir diese Übung vor? Sie soll dir natürlich Spaß machen und dich gleichzeitig dazu animieren, die ersten Abstraktionsgedanken zu entfalten. Was macht das Wort aus? Was bedeutet es im herkömmlichen Sinne? Wie kann man das einfach und schnell umsetzen?

4 Textboxen, Pfeile & Bulletpoints

Was ist eine Textbox?

Eine Textbox ist ganz einfach eine Box, die um einen Text oder ein einzelnes Wort gezogen wird. Dabei können Textboxen zweierlei Zweck erfüllen: Sie können als Blickfang dienen oder Hierarchien betonen.

- Textboxen und Hierarchien:

  Inhalte, die du auf dein Poster bringst, haben eine hierarchische Ordnung. Es gibt Titel, Untertitel und Unterpunkte. Um diese Hierarchien deutlicher zu strukturieren, kannst du Textboxen einsetzen. Die Textboxen, oder auch Textcontainer, fangen den Blick des Betrachters ein, helfen bei der Priorisierung der Inhaltselemente und der Vorgabe der Leserichtung.

- Textboxen als Blickfang:

  Textboxen können außerdem auch als Blickfang eingesetzt werden, um die Aufmerksamkeit des Betrachters auf sich zu ziehen und können – jenseits der Struktur gebenden Elemente – auch einfach als zusätzliches gestalterisches Mittel verwendet werden.

Egal wie du sie verwendest, Textboxen sind im Grunde immer eine Verknüpfung von Text und Form.

Auf dem Flipchart-Papier haben wir viel Platz, um mit Textboxen zu arbeiten. Da es bei der Gestaltung eines Flipchart-Posters darum geht, Inhalte so auf das Papier zu bringen, dass deine Mitstreiter, Arbeitskollegen, Teamplayer, Zuhörer und Zuschauer Themen anschaulich serviert bekommen, helfen uns die Textboxen ungemein.

Ich persönlich ziehe Textboxen meist nur um Schlagworte oder Überschriften. Ich rate eher davon ab, größere Textblöcke mit einer Textbox zu versehen, denn die vielen Rahmenlinien können durchaus verwirrend wirken. Lass dem Text ein bisschen »Beinfreiheit«.

Bevor ich dir den Einsatz von Textboxen auf dem Flipchart zeige, möchte ich deinen Blick auf die zahlreichen Gestaltungsmöglichkeiten werfen.

Variationen von Textboxen

Wie bereits erwähnt, ist eine Textbox (manche nennen sie auch Textcontainer) zunächst einmal einfach ein Kasten um ein Wort, eine Phrase oder einen kurzen Satz.

4.1: Simples Rechteck

Die wichtigste Regel – zumindest für Anfänger – lautet: Schreibe erst den Text und ziehe dann den Rahmen. Sonst kann dir schnell so etwas passieren wie in Bild 4.2.

4.2: Erst Text – dann Box

Bei kurzen Worten ist es sicherlich einfach, das Wort einfach in den dafür vorgesehenen Container zu schreiben. Aber oft passiert es, dass das Wort einfach nicht genug Platz im Textcontainer hat. Also, Vorsicht!

Um der Textbox einen »visuellen« Halt auf deinem Flipchart zu geben, kannst du sie optisch an das Papier anpinnen. Die folgenden Varianten kannst du ganz einfach nachzeichnen. Einfache Rechteck-Textboxen lassen sich gut aufpimpen, indem man zum Beispiel eine Ecke umgeklappt malt, als wäre es wirklich ein Stück Papier, oder indem man ein paar Pins oder Klebestreifen hinzufügt.

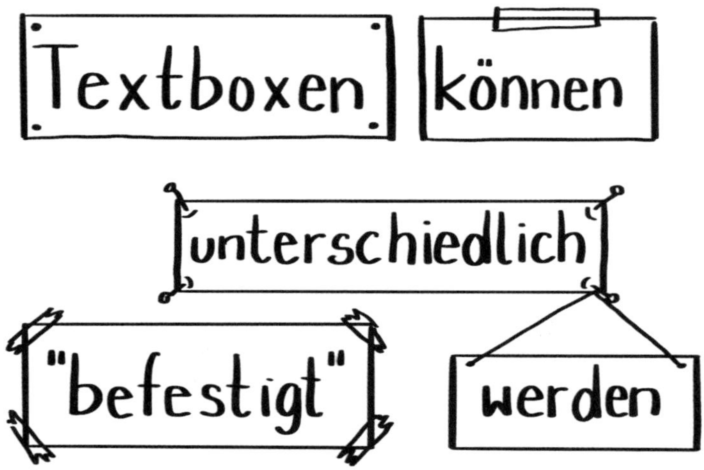

4.3: Aus einer Box wird ein Stück Papier.

Es gibt vielfältige Textboxen. Einige sind wirklich kinderleicht, für andere brauchst du vielleicht etwas Übung.

4.4: Zahlreiche Variationen

Eine meiner liebsten Textboxen ist der Wegweiser. Wenn er auf einer Wiese stehen soll, sieht das am besten aus, wenn die Pfahllinie und die Graslinie direkt ineinander übergehen. Wie das geht, zeige ich dir im folgenden Bild.

4.5: Gras und Pfahl auf einer Linie

Probiere den Wegweiser doch gleich selber einmal auf deinem Flipchart aus.

Schnell gezeichnet sind Wolkenboxen. Bei Bildmetaphern, die mit Landschaft zu tun haben, sind diese außerdem wunderbar einsetzbar. Wenn du um dein Wort eine Wolkenbox ziehst, mach das am besten in einem Schwung, ohne den Stift zwischendurch abzusetzen. Zum Thema Bildmetaphern findest du noch mehr in **Kapitel 11 »Vorlagen gestalten«**.

4.6: Wolkig geht es hier zu.

Wenn ein Wort Ober- oder Unterlängen hat, verzweifle nicht. Du kannst die Textbox an dieser Stelle einfach unterbrechen. Das sieht dann auch gleich viel dynamischer aus.

4.7: Manche Stellen bleiben einfach offen.

Wenn du schon ein bisschen geübt bist, kannst du eine Textbox versuchen, in der sich der Text nach der Form der Box richtet. Das bedeutet, dass du hierfür ausnahmsweise zuerst die Box zeichnest und dann den Text hineinschreibst. Hier ist gutes Augenmaß gefragt oder aber Vorzeichnen mit Bleistift, denn erst muss der Rahmen gezogen und dann hineingeschrieben werden. Das Ergebnis kann sich jedenfalls sehen lassen.

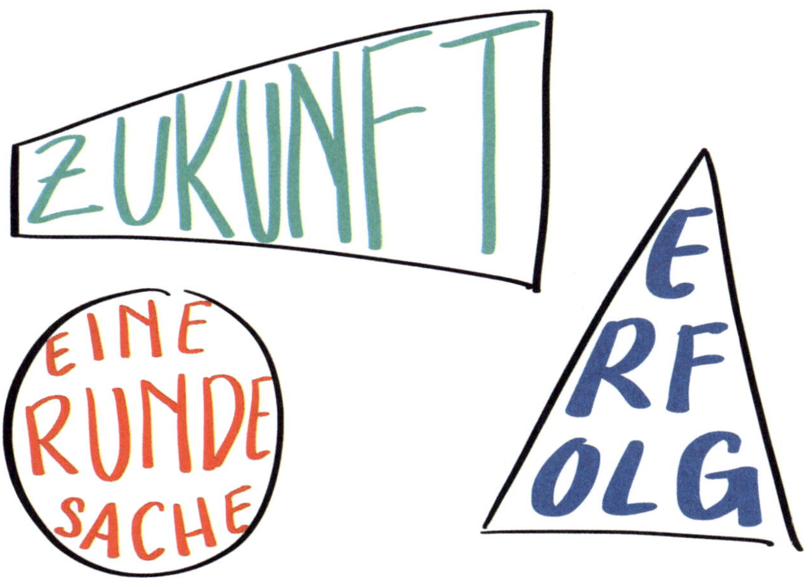

4.8: Hier werden die Regeln mal kurz außer Kraft gesetzt.

Zeichne kleine Hilfslinien mit Bleistift in die Box. Daran kann sich der Stift prima orientieren. Im Anschluss sollest du die Linien wegradieren.

Zum Üben eignet sich eine organische Form wie in Bild 4.9. Male verschiedene dieser Formen auf dein Flipchart auf, und fülle jede Form dann mit Worten wie »Anpassungsfähigkeit«, »spontan« oder »Flexibilität«. Das ist gar nicht so einfach, hat aber einen tollen Effekt. Und es macht richtig Spaß. Du erzielst damit einen Hingucker auf deinem Flipchart.

Für dynamische Textboxen, in denen sich der Text an die Außenlinien anschmiegt, müssen diese – anders als die Grundregel das vorsieht - zuerst gezeichnet werden. Das Füllen mit Text erfordert etwas Übung.

4.9: Organische Formen entgegen der Regel füllen

Wenn du beim schnellen Zeichnen einer Textbox den Rahmen der Box nicht komplett schließt und stattdessen eine Lücke bleibt, lass die Lücke stehen. Später nachgezogene Linien wird man später auch als genau solche identifizieren. Hier heißt es also ganz wörtlich: Mut zur Lücke.

4.10: Muss ja nicht immer alles perfekt sein …

Der Einsatz von Textboxen

Du kennst jetzt bereits einige Möglichkeiten, Textboxen unterschiedlichster Art zu visualisieren. Nun lass uns einen Blick auf ein paar grundsätzliche Regeln zum Einsatz der Boxen auf dem Flipchart werfen:

- Maximal sechs Textboxen haben auf deinem Flipchart Platz (den Titel des Flipcharts nicht mitgezählt).
- Zwischen den einzelnen Textboxen sollte immer Platz gelassen werden (nicht zu eng nebeneinander setzen!).
- Die Form der Textbox kann variieren, die Variation sollte jedoch sinnvoll sein.

Wie viele Textboxen?

Wie du jetzt weißt, handelt es sich bei den Textboxen um einfache Kästchen, die du um deine Überschriften, Schlüsselwörter oder Stichpunkte ziehst. Das Poster sollte durch die Textbox nicht überfrachtet werden. Der Inhalt steht – wie auch bei allen anderen Kapiteln dieses Buches – immer über der Form! Im folgenden Bild siehst du zwei Flipcharts im Vergleich. Weniger kann manchmal mehr sein. Ich rate dazu, nicht mehr als sechs Textboxen auf dem Flipchart zu positionieren. Optimal – je nach Inhalt – wären aber eher vier.

Zu viele Textboxen bedeuten nicht nur weniger Überblick, sondern auch weniger Platz für Piktogramme, die du ja vielleicht auch noch einsetzen möchtest.

Abstand lassen

Achte darauf, zwischen den Textboxen immer genügend Abstand zu lassen, damit die Lesbarkeit gewährleistet bleibt. Das Poster sollte nicht mit Textboxen überfüllt werden. Aber ich gebe zu, dass es unglaublich viel Spaß macht, Textboxen zu zeichnen.

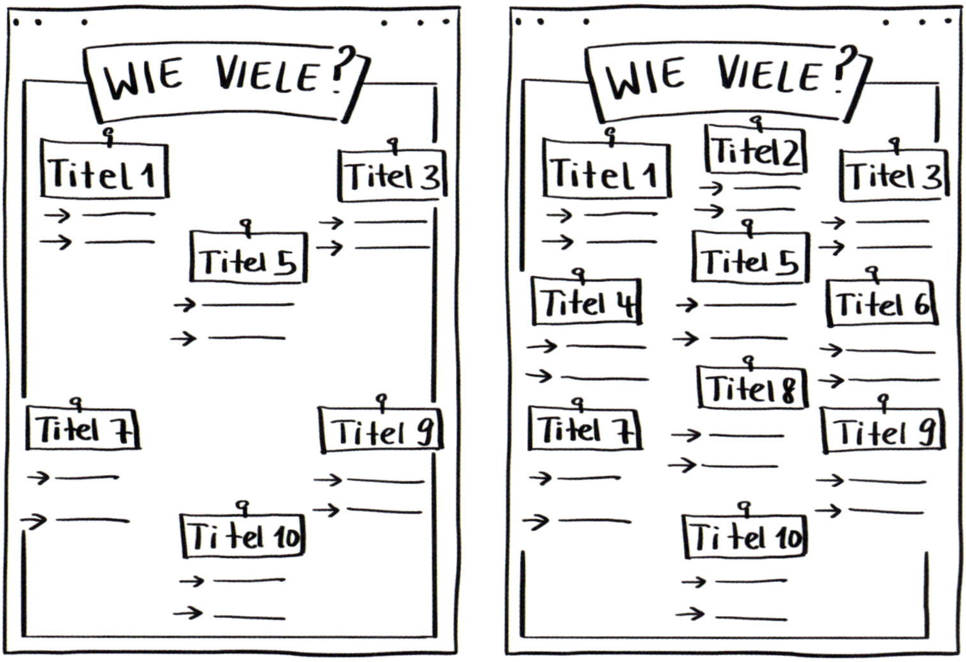

4.11: Weniger ist oft mehr.

Sinnvolle Vielfalt

Textboxen dienen der Hierarchie von Inhalten auf deinem Flipchart. Da es zahlreiche Varianten von Boxen gibt, möchte man am liebsten alle möglichen einsetzen. Nutze die Vielfalt sinnvoll. Im folgenden Beispiel siehst du drei verschiedene Textboxen:

- das Banner für den Titel
- eine Textbox mit umgeklappter Ecke (die Ecke variiert hier)
- eine Textbox als Terminkalender

4.12: Welche Textbox macht Sinn?

Besondere Textboxen

Neben den bisherigen Textboxen gibt es auch ein paar knifflige, die dein Flipchart aber sicherlich bereichern werden.

Banner

Was natürlich in einem Kapitel über Textboxen nicht fehlen darf, sind das allseits beliebte »Angeberbanner« und die Schriftrolle. Angeberbanner nennen wir Visualisierer das Banner, das auf den ersten Blick sehr schwierig aussieht, aber bei genauerer Betrachtung wahnsinnig einfach zu zeichnen ist. Und wenn man es kann, kann man damit auch ein bisschen angeben.

Das große Banner empfiehlt sich für die ganz große Titelüberschrift auf deinem Flipchart. Es kann die Teilnehmer in deinem Workshop willkommen heißen oder aber gleich deren Aufmerksamkeit auf das Thema des Tages lenken. Lass uns doch gleich einmal eins zusammen zeichnen.

4.13: Gewusst wie …

Punkt vier des Bildes kannst du dir ganz einfach merken, indem du ein »W« wie »Wimpel« aufmalst. Das W ist einmal um 90 Grad nach links und einmal um 90 Grad nach rechts gekippt.

Die Schriftrolle kann vielfältig eingesetzt werden. Entweder setzt du sie auch als Banner ein – dann ist sie eine klassische Textbox. Oder aber du setzt sie als Hingucker auf deinem Poster ein, wenn es beispielsweise um die Vergabe von Zertifikaten oder wichtigen Urkunden geht.

Achte bei der Schriftrolle auf die parallelen Linien (Schritt 2) und die runden Ecken (Schritt 3).

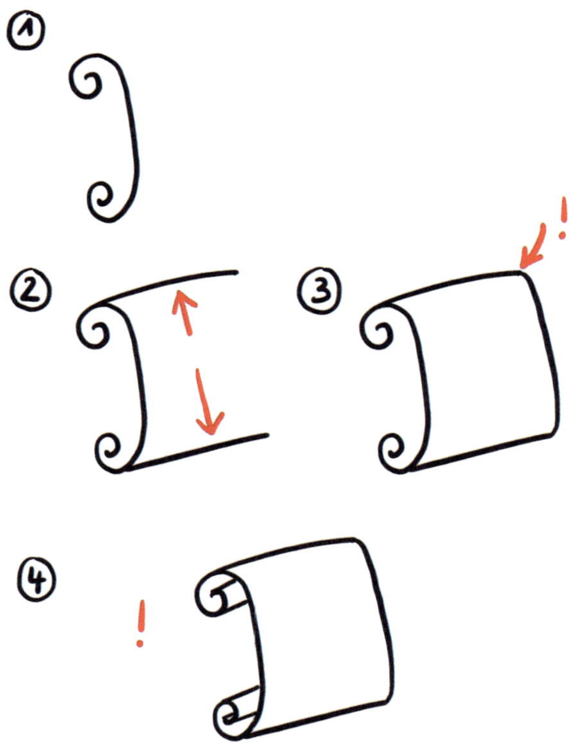

4.14: Das Hirn meldet, wenn ein Strich nicht sitzt.

Dein Hirn meldet dir rechtzeitig, wenn ein Strich nicht ganz sitzt. Kippe die Rolle nach links, damit es ein Banner wird.

Sprechblasen

Die nun folgenden Textboxen sind dem Comic entlehnt und sind ebenso einfach zu zeichnen wie die bisherigen: Die Rede ist von Sprech- und Denkblasen. Sie sind weniger dazu da, Strukturen und Hierarchien auf deinem Poster deutlich zu machen, sondern sind ein Blickfang und eine einfache Methode, um O-Töne (also Diskussionsbeiträge) einzufangen.

Sprechblasen lassen sich auf dreierlei Arten verwenden:

- singulär
- in Kombination mit einem Piktogramm
- in Kombination mit einer Figur

Der Vorteil der Verwendung einer Sprechblase liegt darin, dass sie unmissverständlich ist. Ein Gegenstand, eine Figur oder die Stimme aus dem Off trifft eine Aussage.

Gesammelte Wortmeldungen, die auf deinem Poster in Form einer Sprechblase auftauchen, erfreuen den Urheber des Gesagten meist sehr. Seine Stimme wurde gehört und als solche auch visuell festgehalten.

Sprechen

Die Sprechblase hat einen glatten durchgehenden Rand. Wenn du Wortmeldungen aus deinem Seminar oder der Teamrunde sammeln möchtest, kannst du die Sprechblasen als lockere Formation über dein Blatt verteilen.

Ziehe Sprechblasen von oben nach unten um die Texte, dann lassen sie sich leicht überlappend darstellen.

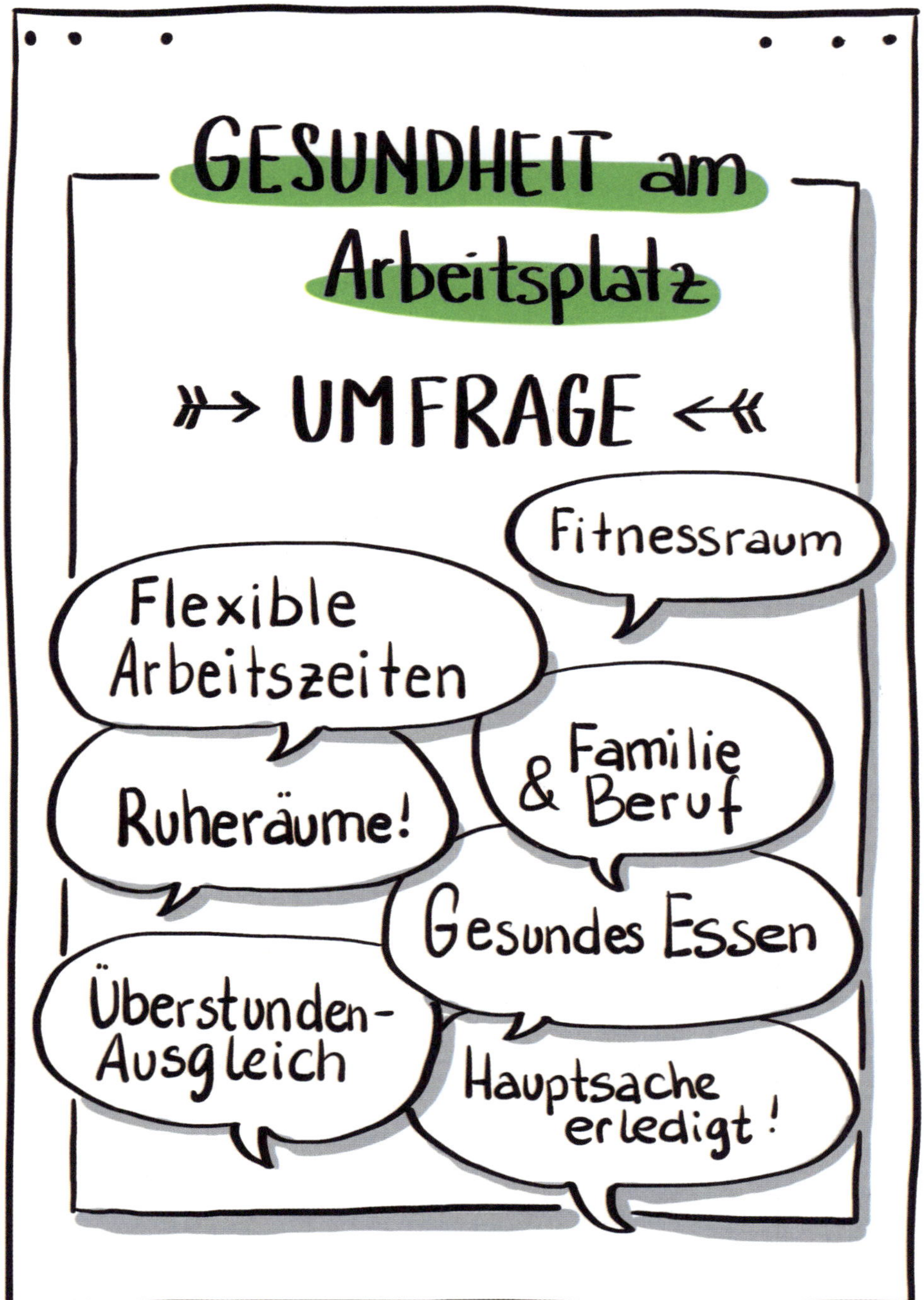

4.15: O-Töne einfangen

Denken

Die Denkblase ist eine geschlossene Wolkenblase mit zwei oder drei kleinen Kreisen, die zum Ursprung des Denkenden führen. Dabei werden diese Kreise in Richtung der Denkblase immer größer.

Denkblasen – ebenso wie jede andere Art der Sprechblasen – können auch in Kombination mit Piktogrammen eingesetzt werden.

4.16: Viele Ideen zu Papier bringen

Flüstern

Die Flüsterblase ist der Sprechblase ähnlich, doch ihre Außenlinie ist gestrichelt.

Selbstverständlich kannst du Sprechblasen auch in Kombination mit Figuren einsetzen, wie du im folgenden Bild siehst. Weitere Möglichkeiten der Varianz mit Sprechblasen und Figuren kannst du in **Kapitel 7 »Figuren & Tiere«** nachlesen.

4.17: Mehr miteinander sprechen als übereinander reden

Pfeile

Ein wichtiges Element für die Visualisierung auf Flipchart-Postern ist der Pfeil. Ich habe ihn an dieser Stelle im Buch verortet, da er sowohl als Textbox als auch als dynamischer Körper fungieren kann.

Es gibt viele verschieden Pfeilformen, die du als Lese- und Strukturhilfe auf deinem Flipchart einsetzen kannst. Ein Pfeil symbolisiert immer eine Bewegung, gibt eine Richtung vor oder einen Abwärts- oder Aufwärtstrend. Pfeile können sehr vielfältig eingesetzt werden.

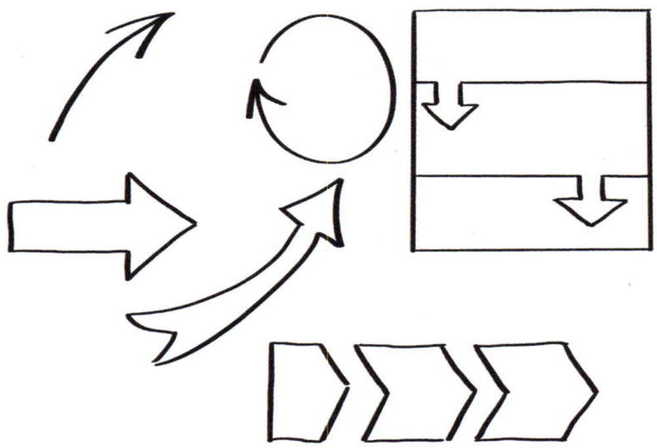

4.18: Variantenreich (noch ne Kiste dazu mit Pfeil raus oder rein)

Wenn du einen schönen geschwungenen doppelwandigen Pfeil zeichnen willst, empfehle ich dir, erst die Spitze und dann den Schweif in einer schwungvollen Linie davon weg zu zeichnen.

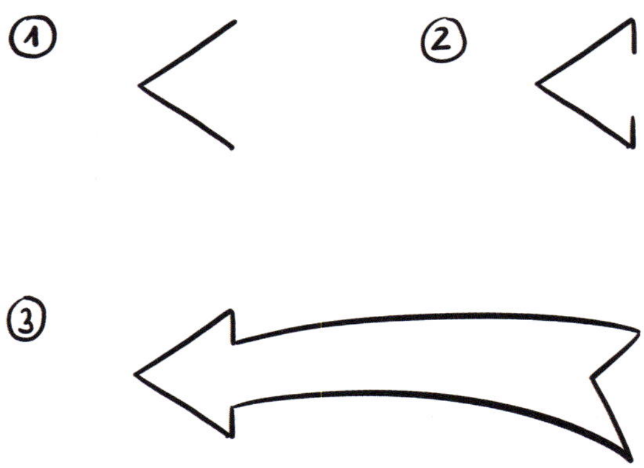

4.19: Pfeile malen muss auch geübt werden.

Auch beim Pfeil als Textbox gilt natürlich – erst der Text, dann die Box. Anders als bisher kann der Pfeil aber auch um einen größeren Textblock gezogen werden. Du kannst den Text auch – statt ihn im Inneren des Pfeils zu positionieren – auch auf den Pfeil stellen.

4.20: Hier kann auch mal was offen bleiben.

Es gibt ein schönes Pfeildiagramm, das sich an der Form eines Kreises orientiert. Wenn es schnell gehen muss und du keine passende Form oder Schablone für einen Kreis zur Hand hast, hilft dir vielleicht diese einfache Vorgehensweise.

Schritt 1

Du klappst das Blatt, auf dem das Diagramm stehen soll, einmal nach hinten, sodass du an die zweite Seite deines Flipchart-Blocks herankommst.

4.21: Blatt umklappen

Schritt 2

Dann malst auf dieses darunterliegende Blatt mit einem schwarzen Marker einen Kreis in mehreren Schlaufen (die wiederholende Handbewegung erzeugt unweigerlich einen beinahe konzentrischen Kreis).

Schritt 3

Anschließend klappst du das erste Blatt zurück auf die Kreisspirale. Jetzt scheint der Kreis durch das Blatt hindurch.

Schritt 4 - 5

Nun kannst du dich an der Optimallinie orientieren und folgendes Diagramm zeichnen. Auch hier gilt: Erst die Spitze zeichnen, dann den Schweif. Probiere es doch gleich mal auf dem Flipchart aus!

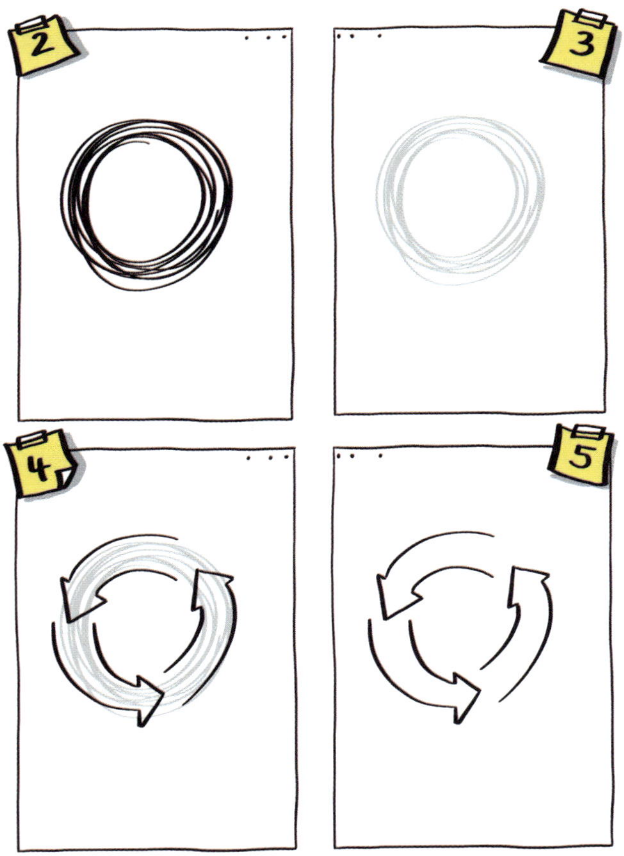

4.22: So klappt es immer.

Bulletpoints

Bulletpoints sind nichts anderes als Gliederungspunkte. Bei den Visualisierern hat sich der englische Begriff nur einfach durchgesetzt.

Bulletpoints markieren am Anfang einer Zeile den Beginn einer nicht festgelegten Aufzählung, die oftmals mit Spiegelstrichen eingeleitet wird. Die Bulletpoints in der Visualisierung sind ebenso variantenreich wie die Textboxen und dienen ebenfalls der Strukturierung deiner Inhalte. So werden die Bulletpoints unter einer Textbox beispielsweise zusammengefasst. Dabei sind deinem Erfindungsgeist keine Grenzen gesetzt.

Bulletpoints gibt es vom einfachen Spiegelstrich, Quadrat oder Kringel bis hin zu Pfeilen, Sternen oder sogar Herzchen (für ein Führungskräfteseminar vielleicht weniger geeignet). Im folgenden Bild habe ich einige Bulletpoints zusammengestellt, die du gleich einmal ausprobieren kannst.

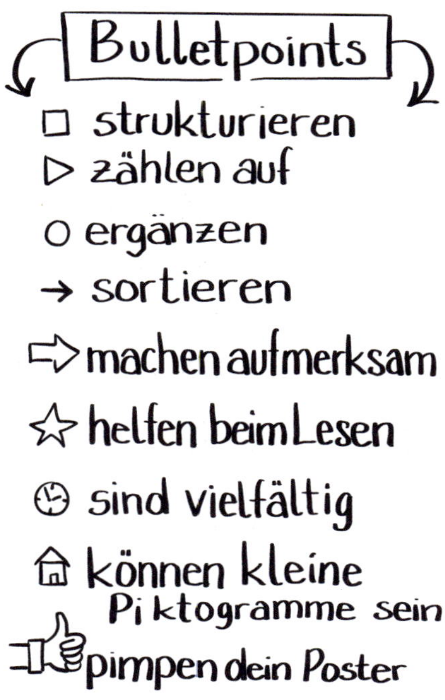

4.23: Vielfalt bei Bulletpoints

Versuch doch gleich mal selber ein paar Bulletpoints. Male sie am besten direkt mit dem Keilstift auf das Flipchart-Poster. Dann bekommst du gleich ein Gefühl für die Größe der Bulletpoints. Am Anfang ist das mit der Keilspitze nicht ganz profan. Übung macht den Meister. Fallen dir noch weitere Bulletpoints ein, die du für deine Visualisierung nutzen kannst?

Natürlich kannst du auch einfach Nummerierungen einsetzen, um deinen Textbausteinen eine Lesehierarchie und Reihenfolge zu verleihen. Das macht vor allem dann Sinn, wenn:

- es viel Text auf deinem Flipchart gibt oder
- die richtige Reihenfolge der einzelnen Punkte eine Rolle spielt.

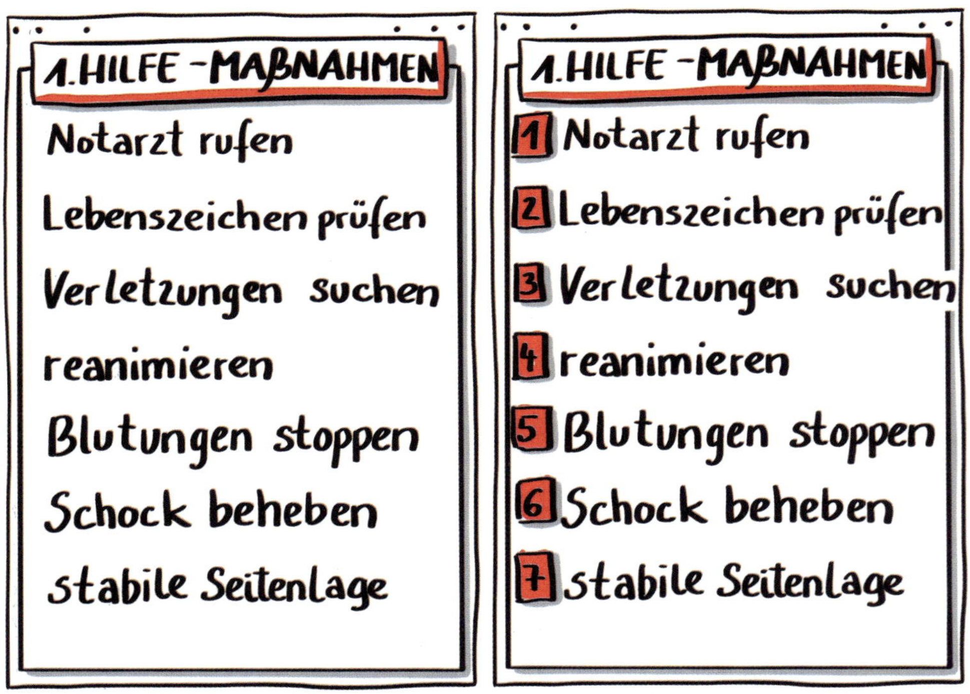

4.24: Wenn die Reihenfolge wichtig ist …

5 Farbe, Schatten & Effekte

Farbe

Bis hierher hast du mit schwarzem Keilstift geschrieben und schon ein bisschen gemalt und kreiert. Schwarz-weiß ist ein wunderbarer Kontrast auf deinem Poster, aber etwas Farbe kann ja nicht schaden. Anfängern wird gerne geraten, nicht mehr als drei Farben zu benutzen. Das ist in der Tat ein guter Rat, der aber nach etwas Übung auch geflissentlich über Bord geworfen werden kann.

Wir starten also brav erst einmal mit drei Farben und sehen dann, was kommt. Mit drei Farben meine ich drei zusätzlich zu schwarz und grau (für Schatten).

5.1: Drei Farben reichen für den Anfang.

Beim Visualisieren geht es nicht darum, Farbflächen einfach auszumalen, wobei das bei kleineren Formen durchaus erlaubt ist. Die Farbe dient zur Auflockerung des Inhaltes, kann aber auch durch die ihr zugewiesene Bedeutung einen bestimmten Aspekt deines Posters hervorheben. Wenn es also zum Beispiel um ein harmonisches Miteinander am Arbeitsplatz gehen soll, wird man wohl kaum Signalrot für das Maßnahmenpaket einsetzen, sondern eher ein beruhigendes Grün. Was für eine Wirkung Farbe für dein Flipchart-Poster hat, kannst du auf dem nächsten Bild sehen. Einmal sind die Inhalte ohne und einmal mit Farbe zu Papier gebracht.

5.2: Farbe lockert auf.

Lass uns zunächst mit einer Farbe starten. Ich nehme hierzu ein helles Blau, das ich sehr oft für meine Flipcharts und Sketchnotes einsetze. Es eignet sich jede Farbe, die nicht allzu dunkel ist. Das helle Blau nutze ich deshalb so gerne, weil es sehr harmonisch und zurückhaltend ist und keine bestimmte Assoziation beim Betrachter hervorruft.

Da wir noch keine Piktogramme gezeichnet haben, sondern bisher nur einfachere Formen, Bulletpoints und doppelwandige Buchstaben, setzen wir die Farbe zunächst auch genau dort ein (na ja, ich gebe zu, ein Piktogramm hat sich doch schon mal eingeschlichen).

Um den Buchstaben oder geometrischen Formen einen leichten Schimmer zu verleihen, ziehst du an der rechten Innenseite und der unteren Innenseite deiner Form einen Strich. Merk dir einfach: rechts und unten. Die schwarze Außenlinie markiert dabei immer das Außenformat der Form.

Wichtig dabei ist, dass die Farbe im Inneren der Form eingesetzt wird. Den Platz am äußeren Rand benötigen wir für den Schatten.

Vergiss bei doppelwandigen Buchstaben nicht, die Farbe auch neben der Punze einzusetzen.

Bei runden Formen verläuft die Farbe – ebenso wie später auch der Schatten – nur jeweils bis zu den beiden höchsten Außenpunkten der Kreislinie oben und unten. Diese habe ich im Bild rot markiert. Aber mal ehrlich: Wenn's ein bisschen daneben geht, ist es ja auch nicht schlimm. Wir wollen ja keine Kunst produzieren, sondern nur etwas andeuten.

5.3: Rechts und unten einen kleinen Schimmer setzen

Kreiden

Neben farbigen Markern gibt es noch diverse andere Möglichkeiten, Farbe auf das Flipchart-Poster zu bringen.

Wachsmalkreiden, Pastellkreiden in verschiedenen Formen, ja sogar Acrylfarbe, die man mithilfe von Stiften auftragen kann, bieten sich hier an.

Wenn du dich dazu entscheidest, Kreide auf deinem Flipchart-Poster einzusetzen, solltest du:

- dich auf eine Farbe beschränken (Ausnahmen findest du in **Kapitel 8 »Aufbau und Struktur«**)
- die Farbe eher großflächig zum Einsatz bringen
- weiße Flächen freilassen (nicht über Textboxen hinwegmalen)

Zu viel Farbe lenkt von den Inhalten ab und kann das Flipchart schnell unübersichtlich machen.

Große Farbflächen können dir dabei helfen, deine Inhalte hervorzuheben und die Aufmerksamkeit des Lesers auf die wichtigsten Punkte zu lenken. Anders als bei der Hervorhebung mit Markern liegt die Akzentuierung jedoch hier auf den weißbleibenden Flächen.

5.4: Weiße Flächen frei lassen

Male auf keinen Fall über Textpassagen hinweg. Lass Texte auf weißem Untergrund stehen. Weniger ist oft mehr.

Wachsmalblöcke habe ich bereits in **Kapitel 2 »Material«** vorgestellt. Wenn man die breite Seite der Blöcke nimmt, kann man schnell viel Farbe auf das Poster bringen und beispielsweise weiße Papierflächen füllen.

Bei der Verwendung von Wachsmalblöcken solltest du darauf achten, dass der Untergrund (hinter deinem Poster) sehr glatt ist. Ansonsten rubbelt sich das Muster der Wand eventuell auf dein Papier durch (falls du dein Papier nicht auf einem Flipchart-Ständer hängen hast).

Bei den Pastellkreiden sieht die Sache schon ganz anders aus. Diese habe ich ja auch schon in **Kapitel 2 »Material«** kurz vorgestellt. Beim Auftrag der Pastellkreide aus dem Napf kannst du entweder ein Schwämmchen oder ein Tuch verwenden. Papiertaschentücher funktionieren gut, die Schwämmchen sind besser, da sie mehr Farbe abgeben.

Da die Pastellkreide beim Auftrag rieselt, solltest du aufpassen, dass der Fußboden nicht leidet. Entweder legst du etwas unter, oder du hältst beim Farbauftrag ein Stück Pappe oder ein leicht angefeuchtetes Tuch unter die Kreidehand.

Vergiss nicht, nach dem Auftrag der Pastellkreide unbedingt mit Fixierspray zu besprühen. Günstiges Haarspray geht im Notfall auch.

Kontraste

Wie bei jeder Regel gibt es natürlich auch beim Thema Farbe Ausnahmen, die von der Regel abweichen. Du hast Farbe jetzt immer an einer Stelle der Objekte eingesetzt. Wenn du mit Farbe auch einen inhaltlichen Effekt erzielen willst, ist es auch erlaubt, sie kontrastreich einzusetzen, was bedeutet, dass du Piktogramme, Formen oder Figuren auch mal komplett ausmalen kannst. Im Bild 5.5 siehst du dafür ein Beispiel.

5.5: Kontraste wirken.

Schatten

Wozu braucht ein Flipchart-Poster Schatten? Natürlich kannst du einfach nur mit Farbe arbeiten, aber lass dir gesagt sein, dass die Wirkung von Schatten auf deinem Poster einen tollen optischen Effekt erzielen wird.

Mit dem Schatten verhält es sich ähnlich wie mit dem Einsatz von Farbe. Du kennst sicherlich noch die Regeln über Schattenwurf, die du früher im Kunstunterricht gelernt hast. Je nach Lichteinfall kann der Schatten in unterschiedlichen Richtungen liegen. Für den Anfang machen wir es uns aber etwas einfacher.

Ich lege den Schatten in meinen Postern bereits ganz automatisch immer auf derselben Seite an. Das spart Denkzeit. Die Farbe hast du jeweils rechts und unten eingesetzt. Dasselbe machst du nun mit dem Schatten. Den setzt du auch rechts und unten ein, allerdings an der Außenlinie deiner Form.

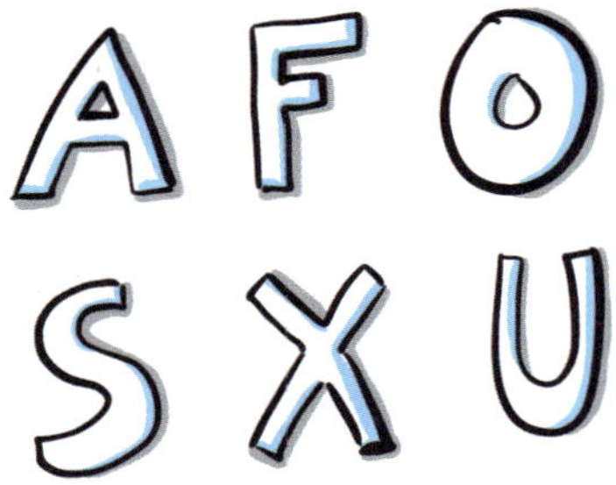

5.6: Leichte Schlagschatten

Diese einfache Regel »rechts & unten« kannst du bei all den Gegenständen einsetzten, die sozusagen »in der Luft schweben« bzw. keinen erkennbaren Boden haben, auf dem sie stehen.

Übung mit doppelwandigen Buchstaben: Schreibe auf dein Flipchart-Poster ein paar doppelwandige Buchstaben. Aa, Ff, Cc, Ss, Mm, Oo und Xx. Wo gehört die Farbe hin und wohin der Schatten?

Der Schatten ist dabei generell immer etwas kürzer als die Linie, an der er sich orientiert.

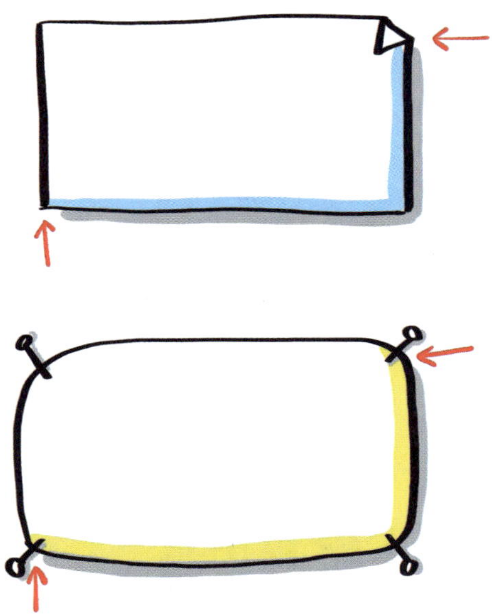

5.7: Der Schatten ist etwas kürzer als die Außenlinie.

Besonders schön wirkt der Schatteneffekt, wenn es um Papier oder Dokumente auf deinem Flipchart-Poster geht. das kannst du auch schon selber üben, anhand der Textcontainer, die wir bereits verwendet haben.

5.8: Schatten hinter Papier sieht immer gut aus.

Bei Rundungen wird es manchmal schon etwas schwieriger. Da fragt man sich »wo beginnt rechts oder unten, und wo endet es?«. Der Schatten geht im Grunde nur bis zur Sichtkante. Im nächsten Bild habe ich sie einmal eingezeichnet. Da der obere Teil des »P« eher oval ist, verläuft der Schatten hier unter der Form etwas weiter.

5.9: Runde Schatten

Trickreich wird es bei Sternenformen. Aber mach dir dazu keinen Kopf. Hier kannst die Regel »rechts-und-unten« auch ganz einfach einsetzen, und wenn mal ein Strich zu viel oder zu wenig ist, bleibt der Stern ja trotzdem ein Stern.

Vergiss nicht bei den Buchstaben mit Punzen – also Öffnungen –, den Schatten auch dort einzuzeichnen. Auch dort liegt er dann – Obacht – rechts vom schwarzen Outliner.

Effekte

An dieser Stelle möchte ich dich noch auf die guten alten Comics aufmerksam machen. Sie enthalten viele kleine Tipps und Kniffe, die du wunderbar für deine schnelle Visualisierung einsetzen kannst und die im Laufe dieses Buches sicherlich noch öfter erwähnt werden.

Comics leben davon, auch ohne Text verstanden zu werden. Kinder, die noch nicht lesen können, sind in der Lage, die Story aus der Geschichte herauszufiltern, ohne auch nur einen Buchstaben gelesen zu haben. Klar, deine Zielgruppe sind zwar nicht Kinder, aber was ohne Worte verstanden wird, das kommt in der Visualisierung auch bei Erwachsenen gut an.

Wie kannst du also diese Kniffe einsetzen? In den folgenden Abschnitten zeige ich dir ein paar Beispiele.

Bewegung

Die sogenannten Speedlines geben deinen Figuren Schwung und verdeutlichen, dass sich ein Gegenstand oder ein Lebewesen in Bewegung befinden. Es sollten immer zwei parallele Linien sein.

Es gibt verschiedene Speedlines, die auch unterschiedliche Bewegungsarten und -richtungen unterstreichen.

Die kleinen gewölbten Striche deuten auch kleine Bewegungen an. Man kann sie bei Figuren ebenso einsetzen wie bei Gegenständen.

5.10: Kurze Linien – kleine Bewegungen

In Kurven geschwungene, etwas größere Speedlines zeigen eine Drehbewegung an.

5.11: Drehbewegungen

Langgezogene Speedlines machen Dinge, Tiere oder Menschen unglaublich schnell. Wenn du an die Speedlines noch eine schwungvolle kleine Wolke malst, kannst du damit sogar andeuten, dass sich ein Gegenstand oder eine Figur sehr schnell in Bewegung setzt.

Den Schwung, den du beim Zeichnen mitbringst, wird man deiner Zeichnung am Flipchart später ansehen. Also, sei mutig und zeichne Speedlines mit Schwung ein.

5.12: Schnell fahren – schnell losfahren

Licht & Innehalten

Eine weitere einfache Gestaltungsregel aus dem Comic ist das Zeichnen von kleinen Strichen in Form eines Strahlenkranzes um eine Figur oder einen Gegenstand. Auch hier gilt wieder: kleine Striche – große Bedeutung.

Zum einen kann dieser Strahlenkranz ganz simpel eine Lichtquelle symbolisieren.

5.13: Strahlen einzeichnen

Wenn etwas nicht nur einfach strahlt oder schimmert, sondern noch dazu etwas prominenter in Szene gesetzt werden soll, kannst du dir mit kleinen gebogenen Schwüngen behelfen. Im folgenden Bild siehst du den Unterschied zwischen den beiden Pokalen.

5.14: Aufpoliert oder tatatataaaa

Die zweite Variante des Strahlenkranzes aus kleinen Strichen kann auch eine Form des Innehaltens oder der plötzlichen Überraschung sein oder einen Gegenstand in den näheren Fokus rücken (wie im folgenden Bild zu sehen ist).

5.15: War da nicht eben noch eine Wurst?

Na? Bist du schon Experte für Special Effects? Auf jeden Fall kannst du diese einfachen Striche auch in den nächsten Kapiteln einsetzen.

6 Piktogramme – kleiner Bilderkosmos

Was ist ein Piktogramm?

Ein Piktogramm ist ein einfaches Bild, ein Icon oder Symbol, das eine bestimmte Information transportiert. Dabei ist das Piktogramm jedoch so einfach wie möglich gestaltet. Es ist sprachübergreifend und kommt sehr häufig in unserem alltäglichen Leben vor. Das ist auch das Besondere an der Bildsprache. Überall dort, wo wir wenig Zeit haben, um lange Informationen via Text zu lesen und uns ein kurzer Blick reichen muss, um zu verstehen, helfen Piktogramme weiter.

6.1: Bekannte Piktogramme in bekanntem Farbcode

Bevor wir näher auf die unterschiedlichen Kategorien von Piktogrammen eingehen, möchte ich dich noch auf Folgendes aufmerksam machen:

Wenn du Piktogramme zeichnest, mache dir bewusst, dass du immer auch mit Stereotypen arbeitest. Das Piktogramm auf deinem Flipchart ist dann gut lesbar und verständlich, wenn es allgemeingültig ist. Das hat auch etwas mit Bildercode zu tun, den ich in **Kapitel 10 »Bildercodes knacken«** vorstelle.

Lass uns anhand eines Beispiels deutlich machen, was es mit der Allgemeingültigkeit auf sich hat:

Wenn du eine Figur zeichnen sollst, die einen Rucksack trägt, so hast du – was den Rucksack anbelangt – verschiedene Gestaltungsoptionen zur Auswahl. Der Rucksack könnte eckig oder rund sein. Beides gibt es. Wenn du dir jedoch das nächste Bild ansiehst, was fällt dir auf?

In einem meiner Trainings zeichnete jemand einen eckigen Rucksack – mit der Begründung, dass es auch eckige Rucksäcke gäbe. Das ist sicherlich richtig. Aber wenn wir von Visualisierung und Abstraktion sprechen, sprechen wir auch von Generalisierung. Und generell ist ein Rucksack eher rundlich und weich. Schau dir das folgende Bild an. Welches Männchen geht zur Schule und welches zum Wandern?

6.2: Eindeutig sollte es sein.

Genau. Der eckige Rucksack wird vom Betrachter eher als Schulranzen wahrgenommen. Und hier komme ich auch schon zu meinem wichtigsten Tipp für dieses Kapitel.

Ein Piktogramm sollte leicht verständlich sein und die generelle Darstellung einer Sache wiederspiegeln – nicht die Ausnahme der Regel.

Nun geht es darum, für dein Flipchart-Poster Piktogramme zu visualisieren, die du sicherlich öfter benutzen wirst. Da sich dieses Buch mit vielen unterschiedlichen Arbeitsabschnitten für die Visualisierung am

Flipchart beschäftigt (also nicht nur mit Piktogrammen), möchte ich dich an dieser Stelle auf meine Empfehlungsliste von wunderbaren Büchern am Ende dieses Buches hinweisen. Wenn du also in die weite Welt der Piktogramme tiefer einsteigen willst, wird dir meine ganz persönliche Literaturliste, die du im **Anhang »Literaturliste«** findest, sicherlich gefallen.

Wirkung von Piktogrammen

Piktogramme verleihen deinem Flipchart-Poster einen ansprechenden Look, lockern es auf, und machen Inhalte nachhaltiger abrufbar. Sie führen das Auge über das Papier, machen Schwerpunktthemen schneller sichtbar oder heben Schlagworte hervor.

Und natürlich verschönern Piktogramme dein Flipchart-Poster!

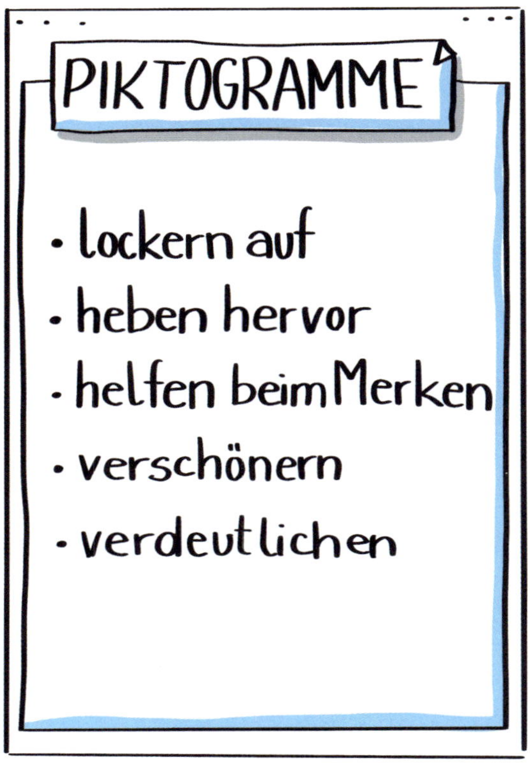

6.3: Schlicht und langweilig

6.4: Abwechslungsreicher Blickfang

Piktogramme sollen die Textbausteine auf deinem Flipchart unterstützen. Das bedeutet, dass sie auch nur punktuell eingesetzt werden sollten. Ein gut strukturiertes Flipchart-Poster überzeugt durch eine ausgewogene Menge an Text und Bildern.

Einsatz von Piktogrammen

Generell gilt, dass der Einsatz von Piktogrammen dein Flipchart-Poster auflockert und leichter lesbar macht. Allerdings sollte die Sinnhaftigkeit eines Piktogramms immer im Vordergrund stehen, nicht nur das schnöde Verzieren.

Es gibt viele Bildvokabeln, die mehrere Bedeutungen haben und somit auch vielfältig eingesetzt werden können.

Um dir einen besseren Einblick in die Verwendung von Piktogrammen zu verschaffen, teile ich die Bildvokabeln in die folgenden Einsatzbereiche auf:

- Piktogramme zur Hervorhebung wie Icons für Tipp, Wichtig, Dringend, Fokus, Idee etc. Dabei steht das Piktogramm zusätzlich neben dem Inhalt, der wichtig ist und der in den Fokus gerückt wird. Du kannst z. B. auch in einem Workshop verschiedene Arbeitsaufträge mit einem Icon versehen. Verschiedene Icons für Arbeitsaufträge findest du weiter hinten in diesem Kapitel.
- Piktogramme zur Auflockerung von Inhalten ergänzen ein Wort optisch und vermitteln deine Inhalte zusätzlich anhand von Bildern. Denn wie du ja schon an Beispielen gesehen hast, besteht ein ansprechendes Flipchart-Poster aus einer guten Mischung von Text und Bild. Dabei kannst du z. B. das Bild eines Baums verwenden, um Natur bildlich darzustellen, aber auch genauso abstrakte Begriffe mit Bildern darstellen wie Prozesse oder Gesprächskultur. Du kannst dabei auch zwei Icons miteinander kombinieren, wie du später an Beispielen sehen wirst.

  Manche dieser Piktogramme kommen ohne Texterklärung aus wie z.B. ein Auto, andere erfordern eine Texterklärung wie z. B. ein Piktogramm, das den Begriff »Gesprächskultur« darstellt.

  Alle diese Piktogramme können dein Flipchart-Poster optisch auflockern und damit auch »merkfähiger« machen, als reiner Text auf deinem Poster.

Die beiden Piktogramm-Kategorien erläutere ich im Folgenden anhand verschiedener Beispiele.

Die Kombination von Figuren und Gegenständen oder Figuren und Textcontainern in Form von Sprechblasen ist auch eine wunderbare Visualisierung, um Inhalte hervorzuheben. Alles zum Thema Figuren findest du in **Kapitel 7 »Figuren & Tiere«**.

Piktogramme zur Hervorhebung

Es gibt eine Vielzahl von eher einfachen Piktogrammen, mit denen du bestimmte Inhalte hervorheben kannst. Sie können ein Wort ersetzen und sind sehr klar verständlich. Einige von ihnen können mehrere Bedeutungen haben. Im Folgenden stelle ich dir eine Reihe dieser Icons vor.

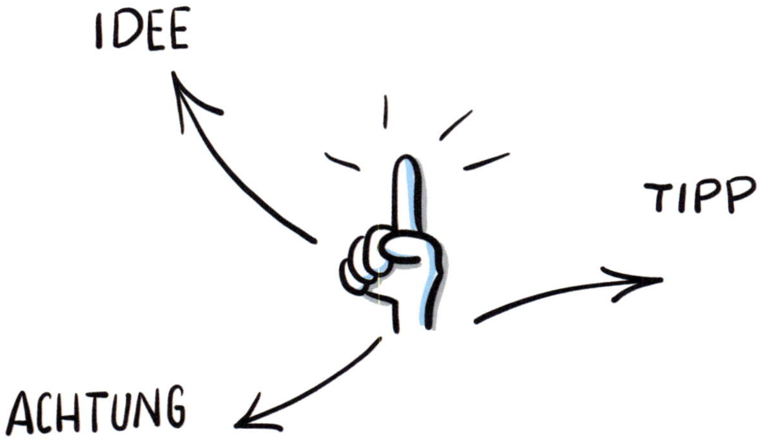

6.5: Unmissverständlich: der erhobene Zeigefinger

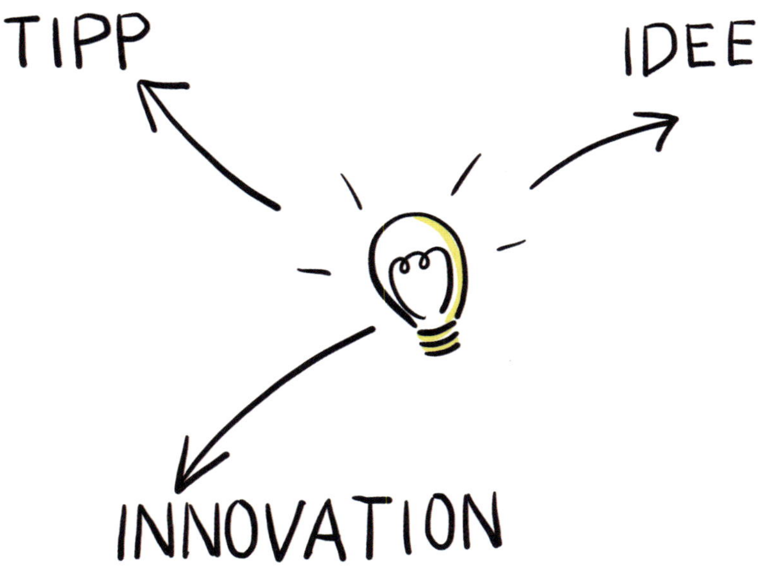

6.6: Mit Glühbirne zur Erleuchtung

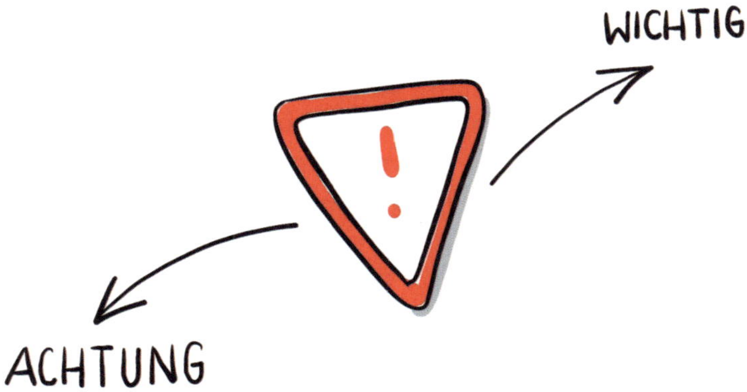

6.7: Straßenschild

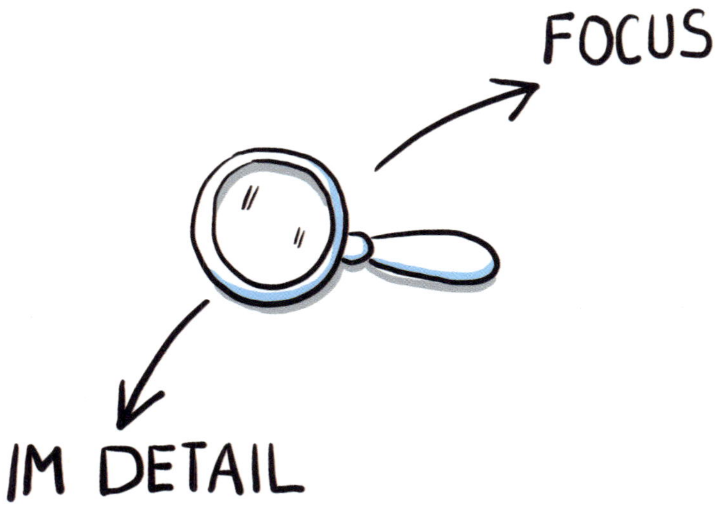

6.8: Etwas unter die Lupe nehmen

Piktogramme zur Auflockerung

Neben den Piktogrammen zur Hervorhebung und Unterstreichung von bestimmten Sachverhalten gibt es auch solche Icons, die Texte optisch ergänzen und zur Auflockerung auf dem Flipchart positioniert werden. Das auflockernde Element sollte aber natürlich sinngemäß passen. Die Liste dieser Piktogramme ist unendlich lang und erweitert sich dank der Arbeit der vielen kreativen Visualisierer jeden Tag. Im Folgenden habe ich ein paar Beispiele zusammengetragen, wie ich sie verwende.

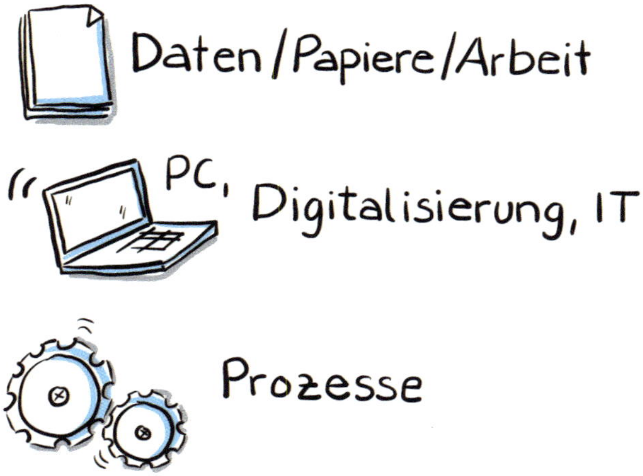

6.9: Kleine, einfache Piktogramme

Prozesse

Die Zahnräder, die du im folgenden Bild siehst, sind manchmal ganz schön vertrackt.

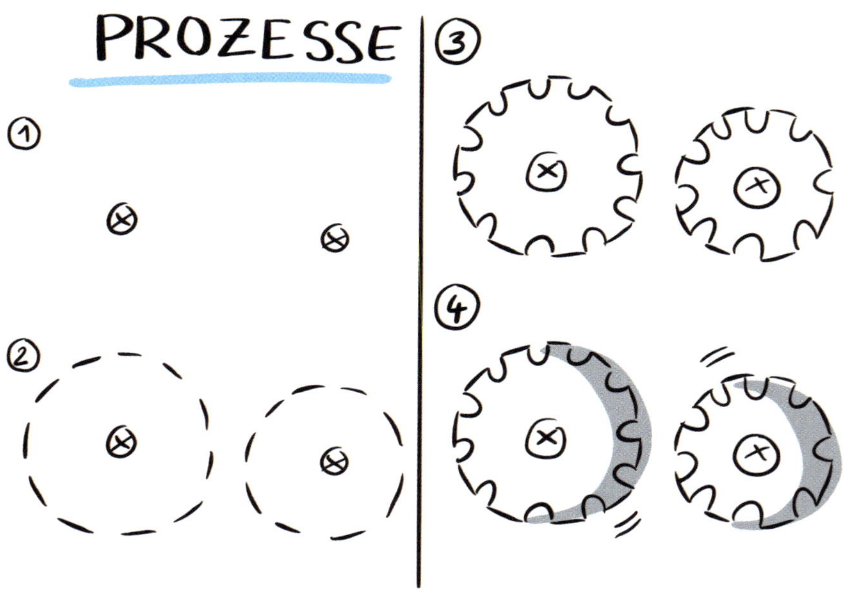

6.10: Am besten zwei Zahnräder in verschiedenen Größen

Prozesse werden gerne als Zahnräder dargestellt. Ein Zahnrad hat aber diese kleinen Greifzähne, an denen man sich sprichwörtlich die Zähne ausbeißen kann. Daher mein Tipp: Erst eine gestrichelte Kreislinie zeichnen, dann die Öffnungen mit kleinen U-Bögen verbinden. Geht schnell und klappt immer.

Bis vor Kurzem habe ich immer drei Zahnräder gemalt. Bis mir ein Teilnehmer eines Workshops sagte: »Ich verstehe gar nicht, warum ihr Visualisierer immer drei Zahnräder so eng zusammen zeichnet. Da bewegt sich rein gar nichts – technisch gesprochen!« Seitdem also: Nur noch zwei Zahnräder 🙂

Umwelt

Wenn es um Nachhaltigkeit und Umwelt geht, zeichne ich gerne einfach einen Baum, die Farbe Grün ist dann obligatorisch. Zusätzlich hat der Baum viele weitere Deutungsebenen (Wurzeln, Krone, Stamm), die du als Metapher für deine Inhalte nutzen kannst.

6.11: Umwelt und die Farbe Grün gehen Hand in Hand.

Strategie

Für das Wort »Strategie« gibt es vielerlei unterschiedliche Bildvokabeln. Ich entscheide mich immer gerne für ein Poster, auf dem Wege und Pfeile eingezeichnet sind, die sozusagen den Prozess einer Strategiefindung abbilden.

6.12: In welche Richtung wollen wir gehen?

Auto

6.13: Kleiner Flitzer

Bei dem kleinen Flitzer siehst du, dass ich beim Einzeichnen der Windschutzscheibe ein rotes Ausrufezeichen gemalt habe. Das habe ich deshalb gemacht, weil die vordere Scheibe eigentlich nicht so weit in die Seite des Wagens hineinragt. Aber du kannst später einfach eine Figur und ein Lenkrad dazu zeichnen. Siehe hierzu das nächste Bild.

6.14: Platz für Fahrer und Lenkrad

Mikroskop

Wenn du mich bitten würdest, einen Locher zu malen, könnte ich das nicht sofort, denn ich wüsste gar nicht so genau, wie dieser funktionstüchtig aussehen müsste. Beim Mikroskop ist das schon anders. Das habe ich mir genau angesehen und eingeprägt und dann x-fach geübt. Und genau das ist der Punkt.

6.15: Schritt für Schritt zu komplexen Piktogrammen

Alles, was wir uns nicht vorstellen können, fällt uns auch schwer auf Papier zu bringen. Das Mikroskop kannst du immer zum Thema Forschung einsetzen oder auch, wenn es um »das genaue Hinsehen geht«.

Fahrrad

Zum Fahrrad muss ich loswerden, dass meine wunderbare Kollegin Tanja Wehr (Autorin der »Sketchnote-Starthilfe«) einen tollen Vorschlag für ein einfaches und schönes Fahrrad in ihrem Buch hat. Aber ich wollte es noch einfacher. Die IngenieurInnen unter euch werden jetzt zwar sagen, dass das technisch nicht geht. Aber ganz ehrlich, wenn es schnell gehen soll, ist das die beste Option. Probiere es doch einfach mal aus.

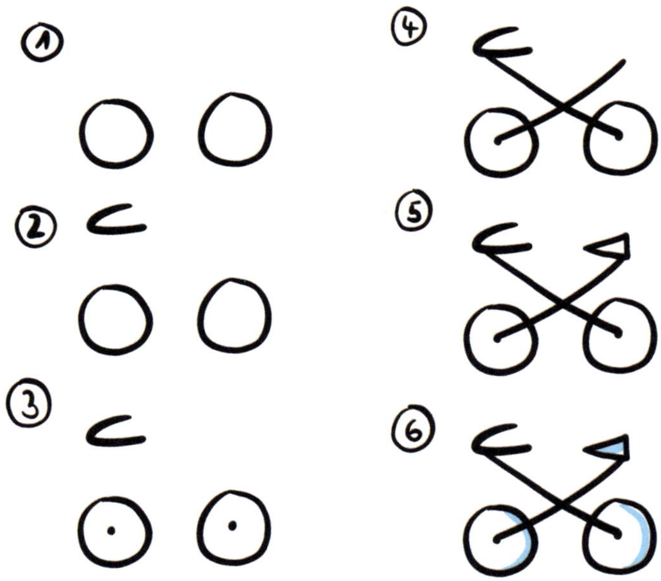

6.16: Fahrräder – der Erzfeind

Gehirn

Zum Gehirn sei gesagt, dass ich es meist mit dem Kopf zusammen zeichne. In Zeichenschritt 2 zeichne ich immer erst das Auge ein, das nach oben schaut. Wenn man zuerst das Hirn malt, bleibt oft kein Platz mehr für das Auge.

Das Hirn kann mehrere Bedeutungen haben. So nutze ich es beispielsweise, um Begriffe wie »nachdenken«, »Ideen entwickeln« oder auch »Erinnerung« zu visualisieren.

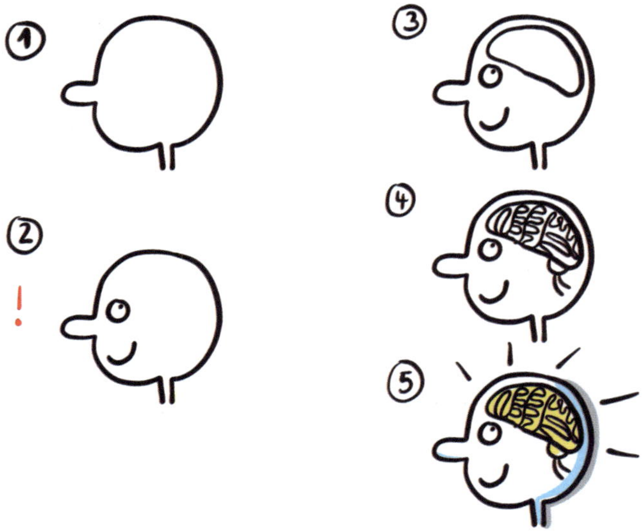

6.17: Hirn im Kopf

Puzzleteile

Puzzleteile sind so etwas wie das Hybrid unter den Piktogrammen. Sie können zur Auflockerung als klassisches Piktogramm eingesetzt werden oder auch als Textbox dienen. Da ihre Form eher organisch ist, passen aber nur kurze Worte oder Zahlen hinein. Ich nutze die Puzzleteile meist, um Abläufe und Zugehörigkeiten zu visualisieren. Farbcodes helfen bei der Zuordnung.

6.18: Puzzleteile sehen gut aus – die organische Form macht es etwas schwieriger.

Daumen hoch

6.19: Daumen hoch – kann man immer gebrauchen

Auch hier werden ab Schritt 4 wieder die Finger hintereinander eingezeichnet, einer nach dem anderen.

Hände reichen

Über den Handschlag habe ich eine Weile nachgedacht, denn wenn ich diesen ad hoc zeichnen musste, ist er anfangs lange Zeit schiefgegangen. Am einfachsten fällt er mir, wenn ich das schwierigste Element am Stück zeichne. Auf dem Bild siehst du bei Nummer 2, dass der Daumen der Hand, die von rechts kommt, direkt in die von links übergeht. Das rote Ausrufezeichen markiert den Schritt, der besonders wichtig ist: Das Handgelenk ist schmaler als die Hand.

Auf der rechten Seite siehst du ein zweites Ausrufezeichen. Achte bei den Fingern darauf, dass sie überlappen. Beginnend mit dem obersten

Finger, werden die nächsten Finger einfach »hinterlegt«. Dieses Handshake-Piktogramm kannst du variabel einsetzen für Worte wie »Kooperation«, »Freundschaft«, »Geschäftsverbindung«, aber auch für »Verlässlichkeit« und »Vertrauen«.

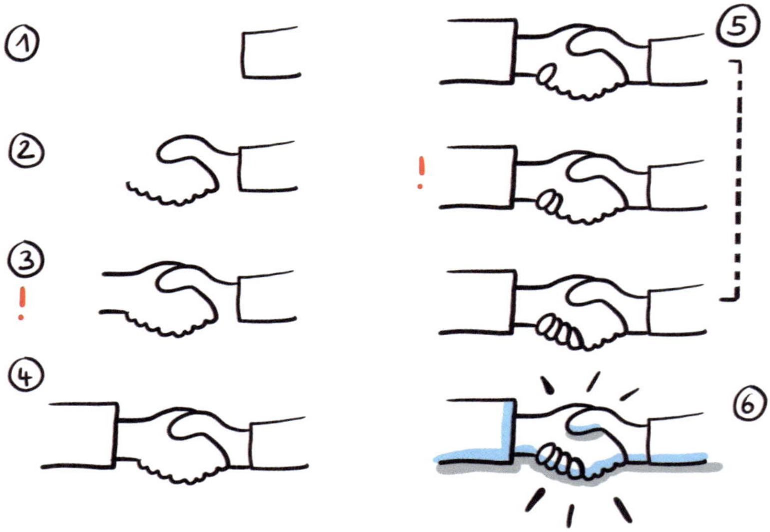

6.20: Der Handschlag – was ist wichtig?

Falls du für deine Visualisierung auf dem Flipchart mal nicht das passende Piktogramm parat hast, werfe doch einmal einen Blick auf die Piktogramme, die der Kurznachrichtendienst WhatsApp anbietet. Die Bilder sind sehr klein, man versteht sie aber aufgrund ihrer Eindeutigkeit wunderbar.

Bildvokabeln

Bildvokabeln können natürlich aus mehreren Einzelbildern bestehen. Die folgenden eher komplexen Bildvokabeln sollten – ebenso wie die Piktogramme zur Auflockerung – zusammen mit einer Worterklärung stehen und können auch eine Kombination zweier Icons sein (Gesprächskultur, Unternehmen weltweit, Blick in die Zukunft etc.). Im Folgenden habe ich eine kleine Auswahl zusammengestellt.

Kultur

In diesem Bildbeispiel habe ich eine weitere Bildvariation aufgezeichnet. Ich visualisiere das Wort »Kultur« oft einfach mittels einer Pflanze. Wenn also für die Betrachter deines Flipchart-Posters klar ist, dass im Folgenden die Pflanze für den Begriff Kultur steht, kannst du damit wunderbare weitere Bildkombinationen kreieren.

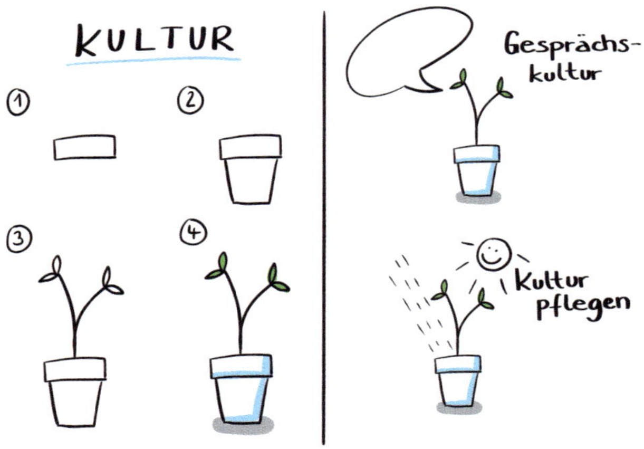

6.21: Kultur in Variationen

Zukunft

6.22: Kristallkugel oder doch eher Teleskop?

Für die Zukunft wird oft ein Teleskop verwendet. Der Blick in die Zukunft wäre dann der Blick in das Teleskop. Da erfahrungsgemäß aber viele Anfänger Probleme damit haben, eine Figur gebückt vor dem Teleskop zu zeichnen, empfinde ich diese Variante als eine schöne Lösung.

Unternehmen weltweit

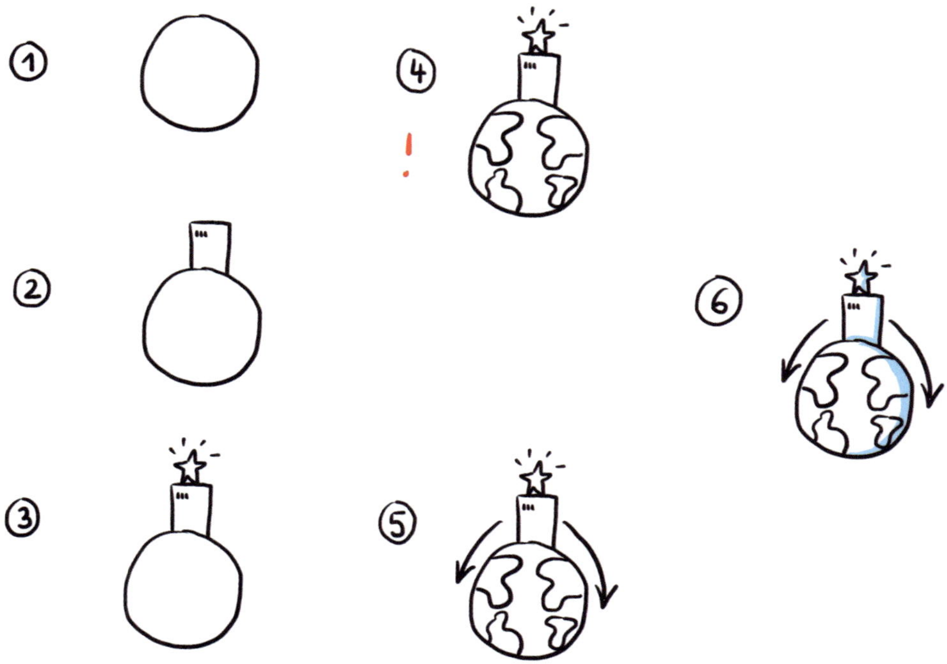

6.23: Kombination aus Weltkugel und Unternehmen

Piktogramme haben natürlich ganz viel mit Übung zu tun. Je öfter du einen Gegenstand zeichnest, umso besser wird er dir gelingen. Was du dir etwas nicht gut vorstellen kannst, schau es dir doch erst einmal genau an (entweder den realen Gegenstand oder ein Foto davon). Wenn ich etwas im Internet suche, gebe ich in die Suchmaske ein: Begriff + Vektor. Dann bekomme ich eine große Auswahl von einfachen Vektorgrafiken, die sich zu Übungszwecken erfahrungsgemäß sehr gut nachzeichnen lassen.

Piktogramme für Arbeitsaufträge

Piktogramme lassen sich sehr gut einsetzen, um in Workshops wiederkehrende Arbeitsaufträge auf dem Flipchart zu kommunizieren. Anbei schlage ich dir einige vor. Du kannst sie je nach Belieben auch abändern oder dir neue einfallen lassen.

Dabei gibt es zwei Möglichkeiten des Einsatzes. Entweder du zeichnest die Arbeitsaufträge direkt auf die unterschiedlichen Flipchart-Poster, oder aber du bereitest das Piktogramm vor, indem du es auf einen runden Karton zeichnest. Dieses Icon kann dann mit einem kleinen zusammengerollten Stück Kreppklebeband auf unterschiedliche Flipcharts geklebt werden.

Achte darauf, dass die Bedeutungen der verschiedenen gemalten Arbeitsaufträge vorher gut kommuniziert werden. Das spart später Zeit für Erklärungen.

Einzelarbeit

6.24: Eine Figur mit Arbeitsmaterial in der Hand

Gruppenarbeit

6.25: Mehrere Personen mit Arbeitsmaterial

Feedback

6.26: Konstruktives Feedback geben.

Diskussionsrunde

6.27: Alle sprechen miteinander.

Ideenfindung

6.28: Na, was fällt dir alles ein?

Fishbowl

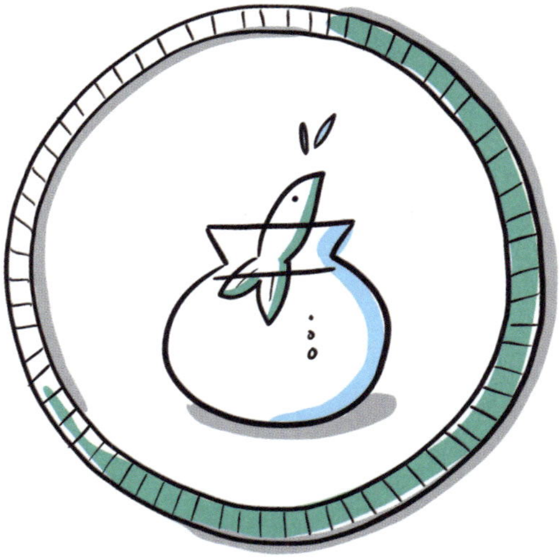

6.29: Diskussionsmethode Fishbowl

World-Café

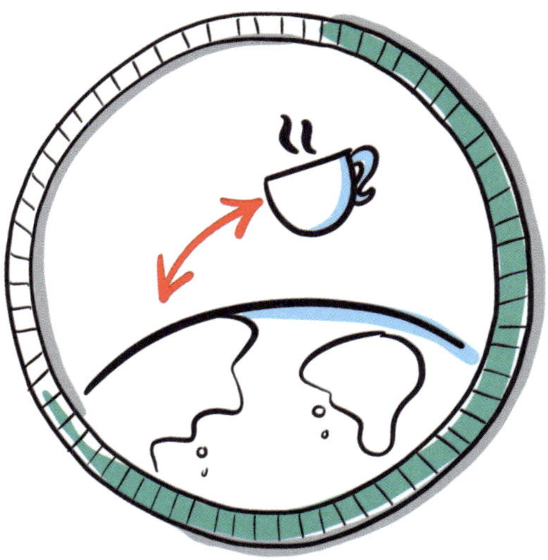

6.30: Kreativmethode World-Café

Diese Reihe an Arbeitsaufträgen lässt sich beliebig fortführen für die jeweilige Methode, die du in der Gruppe anwenden willst. Der Farbcode des Kreises sollte sich abheben von den Farben, die du sonst auf deinem Flipchart verwendest, damit schnell klar wird, dass es nun um einen Arbeitsauftrag oder einen bestimmten Programmpunkt geht.

Jetzt hast du schon eine gute Grundlage für das Zeichnen von Piktogrammen auf dem Flipchart.

Neben Gegenständen und abstrakten Begriffen benötigen wir ab und an aber auch Lebewesen auf unseren Postern. Dazu habe ich für dich das nächste Kapitel vorbereitet.

Noch viel mehr Piktogramme mit einfachen Strich-für-Strich-Anleitungen findest du in Tanja Wehrs wunderbarem Buch »Die Sketchnote Starthilfe«. Ein Standardwerk für Visualisierer!

7 Figuren & Tiere

»O Gott, ich soll ein Männchen zeichnen?« Spätestens nach dieser Aufforderung fallen Flipchart-Anfänger kurzzeitig in eine Schockstarre. Aber diese Hilflosigkeit verfliegt schnell, wenn wir einmal genauer betrachten, wie man so ein Männchen malen kann und wie viele verschiedene Möglichkeiten es hierzu gibt.

7.1: Schockstarre, wenn es um Männchen geht

Figuren beleben dein Poster. Das kannst du gut anhand der beiden folgenden Bilder im Vergleich sehen. Der Inhalt wird emotionaler aufgenommen, wenn ein Männchen auf dem Poster abgebildet ist. Dieses kann dann zum Beispiel auch einen Gegenstand halten oder einfach dem Betrachter zuwinken.

7.2: Figuren als Hingucker

Es gibt verschiedene Arten, Figuren zu zeichnen. Und diese möchte ich dir gerne im Folgenden aufzeigen und näherbringen.

Und ich verspreche dir: Du wirst wirklich Figuren zeichnen können, und dein Flipchart wird erstrahlen.

Verwendung von Figuren

Ich setze Figuren auf zwei verschiedene Arten ein: einmal ganz einfache Figuren im Kontext mit etwas anderem oder Einzelfiguren, die keinen Kontext brauchen.

Einfache Kontextfiguren

Die einfacheren Figuren, die ohne Mimik und auch oft ohne Gestik auskommen, verwende ich dann, wenn es um den Kontext der Figuren zueinander geht, oder wenn ich visualisieren möchte, wie sich die Figur zu einem Gegenstand verhält. Hier kommt es also nur darauf an, dass eine oder mehrere Personen auf dem Poster sind, nicht jedoch, welche Gefühlsregungen sie haben.

Im folgenden Bild siehst du eine Figur am Beginn eines Weges. Der Fokus liegt dabei auf dem Weg und dem zu erreichenden Ziel. Die Figur ist Platzhalter für jeden, der sich auf diesem Weg befindet. Die Mimik ist Nebensache.

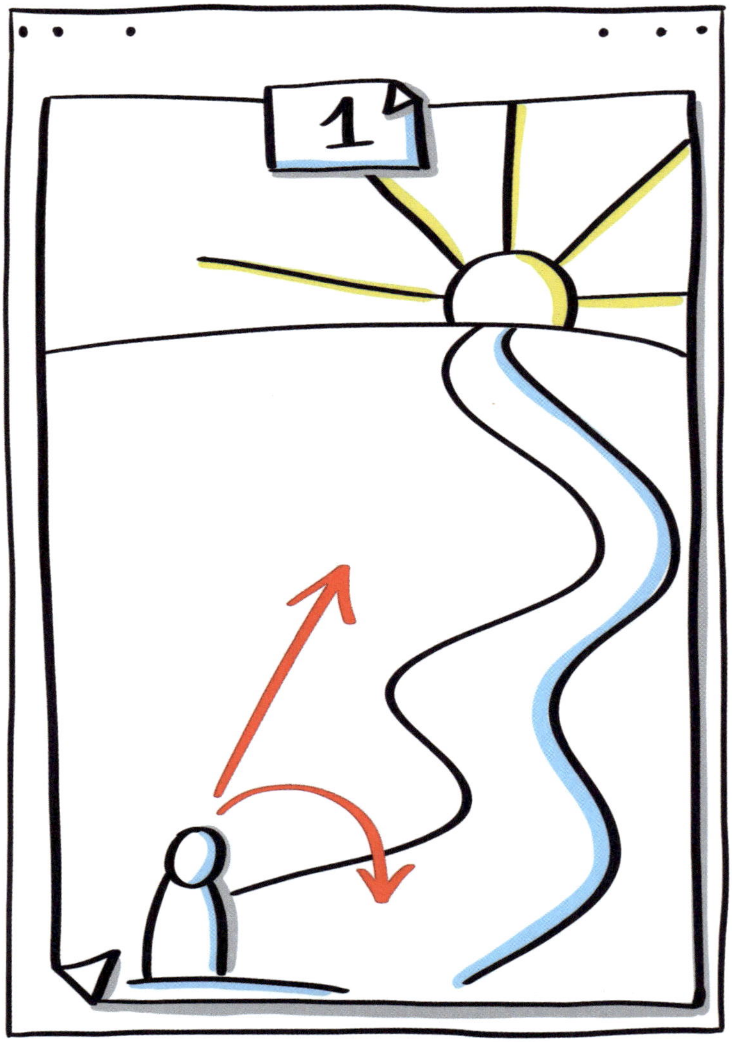

7.3: Figur im Kontext zur Handlung (Weg beschreiten)

Im nächsten Bild stehen die Personen im Kontext zueinander. Es geht hier eher um Gruppengrößen und ihr Verhältnis zueinander. Auch hier ist keine Mimik notwendig.

7.4: Figur im Kontext zu anderen Personen

In der nächsten Abbildung steht die jeweilige Person (oder auch Personengruppe) im Verhältnis zu einem Gegenstand. In diesem Beispiel könnte es darum gehen, welches Medium zur Kommunikation genutzt wird. Hier ist ebenfalls – du wirst es schon wissen – keine Mimik erforderlich.

7.5: Figur im Kontext zu Gegenständen

Anspruchsvollere Einzelfiguren

Wenn es auf dem Flipchart und der dazugehörigen Gestaltung etwas emotionaler zugehen soll, wirst du um das Zeichnen von Mimik nicht herumkommen. Allerdings sind die Regeln hierfür so einfach, dass du dir keine Sorgen zu machen brauchst. Figuren, die eine bestimmte Gefühlsregung vermitteln sollen, können dann zum Einsatz auf dem Flipchart kommen, wenn es beispielsweise um zwischenmenschliche Angelegenheiten geht, etwa die Kommunikation im Team. Aber auch, um Betrachter visuell-emotional abzuholen, eignen sich Figuren gut. Man identifiziert sich mit Figuren oder abgebildeten Emotionen eher als mit einem sachlichen Piktogramm.

Die Größe der Figur auf deinem Flipchart-Poster legst du fest, sie sollte aber eine Kästchengröße von 3 Kästchen nicht unterschreiten. Meine Figuren (Rumpf und Beine) sind meist 5 Kästchen hoch, das entspricht ca. 12 cm.

Oftmals wollen wir hier und da eine Figur in das Poster hineinzeichnen und haben zwischen den Textpassagen nur noch wenig Platz. Dann behelfe dir mit einem Marker, der eine feine Spitze hat oder leg den Marker mit der Keilspitze zur Seite und nutze den mit der Rundspitze, um ggf. auch etwas kleiner zeichnen zu können. Das ist durchaus legitim.

Zeichnen verschiedener Figuren

Lass dir gesagt sein, dass jeder kleine Strich auf deinem Flipchart eine Bedeutung haben kann. Das wirst du merken, wenn wir uns etwas später den Augenbrauen widmen.

Nun möchte ich ein paar wichtige Details zu Körperproportionen zeigen. Auch wenn dieses Thema für schnelle Visualisierung nicht ganz so wichtig ist, hilft es dir doch dabei, ein Gefühl für das Männchen zu bekommen, das du zeichnen wirst.

Würdest du einen Körper relativ realistisch darstellen, so würde der Kopf etwa acht Mal in den Körper passen. Für das Sketchnoting und das Zeichnen am Flipchart halten wir dieses Maß nicht ein. Wir orientieren uns vielmehr an Cartoon-Männchen, die alle einen eher kleinen Körper im Verhältnis zum Kopf haben.

7.6: Ja, Flipchart-Männchen sind kleiner.

Starten wir also jetzt gemeinsam mit dem Zeichnen von Figuren. Mit den Strichmännchen geht es los.

Strichmännchen

Mit Strichmännchen haben wir alle irgendwann einmal angefangen. Und obwohl das Strichmännchen wirklich sehr einfach ist, erkennt man doch immer gut, was es darstellen soll. Mit Händen und Füßen halten wir uns erst einmal nicht auf (Aber ... pst ...: Hände sind eigentlich gar nicht so schwer).

7.7: Der richtige Knick ... und schon bewegt sich das Männchen.

Zeichne ein Strichmännchen von vorne: Kopf, Rumpf, Beine, Arme. Hände und Füße sind zunächst einfach kleine Ovale. Dann zeichnest du überall dort, wo sich das Männchen knicken kann, einen kleinen Kringel ein (Genick, Schulter, Ellbogen, Handgelenke, Hüfte, Knie, Fußgelenke).

Jetzt kreiere verschiedene Männchen, die sich an den eingezeichneten Stellen beugen. Achte darauf, dass das sogenannte Scharniergelenk an Ellbogen und Knie (das nur in eine Richtung geknickt werden kann), nicht in die falsche Richtung abgewinkelt wird. Sonst muss dein Männchen ganz schnell zum Orthopäden. 😉

Was sagen die unterschiedlichen Beugungen über dein Männchen aus? Führt es eine bestimmte Tätigkeit aus?

Für alle Männchen möchte ich dir folgenden Tipp geben: Zeichne ab und zu die Linien der Beine oder des Rumpfes etwas geschwungen, das gibt auch dem Männchen einen gewissen Schwung. Du siehst dafür ein Beispiel im nächsten Bild.

7.8: Arme und Beine dürfen geschwungen sein.

Das Rumpfmännchen

Das Rumpfmännchen besteht nur aus Kopf und Rumpf, die Beine sind oft nur angedeutet. Das bekannteste Rumpfmännchen kommt bei bikablo® vor, du findest diese Buchempfehlung am Ende im Anhang »Literaturliste«.

7.9: Einfacher geht es nicht.

Hier siehst du auch eine Figur ohne Füße.

Das Kartenmännchen

Das Kartenmännchen kommt bei meinen Kunden und Workshop-Teilnehmern immer ganz gut an. Es hat ein bisschen mehr Körper als die schnöden Strichmännchen und mal ehrlich: Ein Rechteck ist ja wirklich schnell gezeichnet. Allerdings gilt hier: Das Kartenmännchen tut sich schwer mit Beugen in der Hüfte … Yoga könnte schwierig werden 🙂.

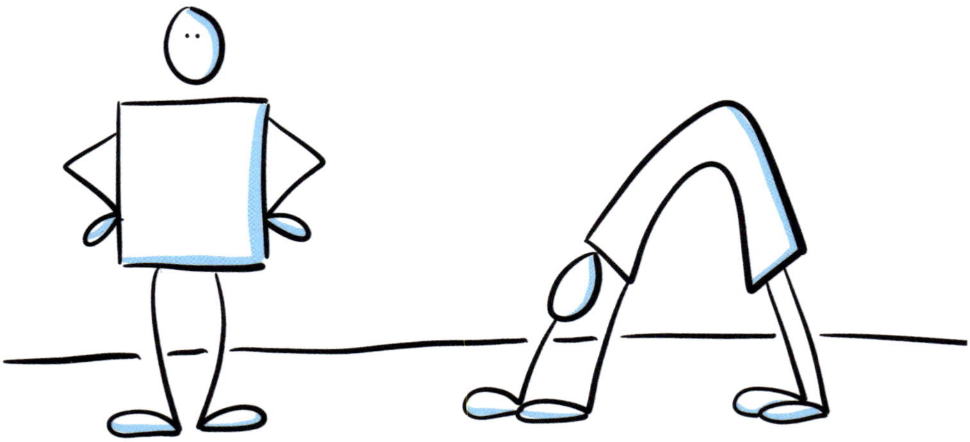

7.10: Der Körper eignet sich gut für Icons oder Worte.

Das Haas'sche Männchen

Für mich ist es manchmal schwieriger, die Dinge simpel zu zeichnen, ich mag es lieber etwas ausgefeilter. Aber gerade bei Figuren sollte es Anfängern leicht gemacht werden, diese zu zeichnen. Ich habe eine Reihe von Möglichkeiten aufgezeigt, wie du simple Männchen zeichnen kannst. Diese Reihe wird durch das nun folgende noch ergänzt. Es ist eine Kombination aus einfach und etwas schwieriger und bietet dir viele Gestaltungsmöglichkeiten und Gefühlsvarianten. Im folgenden Bild kannst du gleich mal Schritt für Schritt mitzeichnen.

7.11: Achtung: Der Rumpf beginnt schon am Kopf (siehe Schritt 2).

Falls du dich fragen solltest, ob deine Figuren eine Nase brauchen, so gibt es für mich keine eindeutige Antwort. Ohne Nase sehen die Männchen witziger aus, die Nase kann dir allerdings dabei helfen, zu verdeutlichen, in welche Richtung die Figur geht oder schaut. Auch ein Blick hinunter am eigenen Körper oder ein fröhliches Lachen wird erst durch die Position der Nase deutlich sichtbar. Ein Beispiel hierfür siehst du im nächsten Bild.

7.12: Die Nase hilft bei der Darstellung der Blickrichtung.

Lass deine Männchen – egal welche du zeichnest – nicht einfach so in der Luft schweben. Gib ihnen eine kleine Horizontallinie mit, damit sie festen Boden unter den Füßen haben.

7.13: Auch ein Schatten unter der Figur könnte Halt geben.

Achte beim Einzeichnen der Horizontallinie darauf, dass die Linie möglichst ein Stückchen weiter hinter der Figur liegt. Wenn du die Linie direkt unter die Füße malst, sieht es schnell so aus, als vollführe deine Figur einen Hochseilakt.

Außerdem sollte die Linie nicht mit einer anderen horizontal verlaufenden Linie kollidieren. Das mag das Auge gar nicht, denn es interpretiert schnell eine andere Bedeutung in das Bild hinein.

Die Horizontallinie male ich immer mit kleinen Unterbrechungen, damit ganz klar ist, dass das Männchen im Vordergrund steht.

7.14: Auf die Position kommt es an.

Der Hinweis mit der Kollision von horizontalen Linien gilt im Übrigen ebenso für das Aufeinandertreffen von senkrechten Linien, die zu verschiedenen Ebenen oder Objekten gehören. Versuche, diese zwei Linien immer ein wenig voneinander zu trennen.

Arme und Beine

Auf die Ausgestaltung von Armen und Beinen würde ich nicht allzu viel Zeit verwenden. Für den Anfang kommst du mit Stricharmen und Strichbeinen schon sehr weit. Wieviel Aussagekraft die Haltung der Arme und Beine haben kann, wirst du gleich sehen.

Figuren im Stehen

Wenn ich in einem Raum stehe und nichts anderes mache als zu stehen, weiß ich manchmal gar nicht, wohin mit meinen Armen. Den Flipchart-Anfängern geht es oftmals so mit ihren Männchen. Wohin mit den Armen? Im folgenden Bild zeige ich dir einmal ein paar Varianten, was eine Figur mit ihren Armen anstellen kann. Bei Figur 1 siehst du, dass die Hand über den Körperstrich gezogen wurde, was ja eigentlich – optisch – nicht ganz korrekt ist. Das macht aber gar nichts, denn man sieht doch eindeutig, dass das Männchen die Arme vor der Brust gekreuzt hat. Den Unterschied zwischen einer gehenden Figur und einer rennenden kannst du super einfach gestalten: Bei der gehenden berühren die Füße den Boden, bei der rennenden eben nicht.

7.15: Die Füße dürfen auch mal vom Boden abheben.

Figuren im Sitzen

Bei sitzenden Figuren tun sich Anfänger zum einen mit den Stühlen und der Rückenlehne schwer und zum anderen mit der Position der Hände. Die Figuren müssen aber auch gar nicht immer nur auf Stühlen sitzen. Die Haltung der Arme und Hände unterstreicht meist die Stimmung des Sitzenden.

7.16: Sitzvarianten

Ein Körper – viele Varianten

Im folgenden Bildbeispiel habe ich eine gebogene Körperform aufgemalt. An diese Körperform hänge ich nun ganz unterschiedliche Arme und Beine an. Wie du siehst, kann man alleine mit der Haltung der Arme und Beine sehr unterschiedliche Aussagen treffen.

Male einmal die gebogene Körperform auf und probiere selber mal aus, diese mit verschiedenen Armen und Beinen zu ergänzen.

7.17: Eine Form – viele Geschichten

Hände

Vor Händen kapitulieren viele Menschen oft, wenn es um das Zeichnen geht. Der beste Tipp, den ich dir geben kann, ist: Denk nicht so viel darüber nach.

Als ich das Zeichnen der Hände übte, half mir der Tipp eines Dozenten, der uns erst einmal Fäustlinge zeichnen ließ. Du weißt schon, diese Handschuhe, die man als Kind gehasst hat, weil man nie etwas richtig greifen konnte. Probier es doch selbst gleich mal aus, wie im folgenden Bild gezeigt.

7.18: Die Handschuhhand ist für den Anfang doch nicht schwer.

Mit der Handschuhhand kommst du schon recht weit, denn sie kann greifen und winken.

7.19: Einfache Handbewegungen

Der ultimative Tipp für das Zeichnen von Händen ist jedoch dieser: Verstecke die Hände, wenn es mal schnell gehen muss. Steck sie dem Männchen in die Tasche oder hinter den Rücken, so wie im folgenden Bild.

7.20: Hände sind schnell versteckt.

Oft werden Hände in speziellen Tätigkeiten als Icon auf dem Flipchart verwendet. Einige dieser Hände habe ich hier zusammengestellt.

7.21: Kleine Sammlung von wiederkehrenden Händen

Wenn du Lust hast, können wir diese Sammlung nun gemeinsam Schritt für Schritt zeichnen. Die Zeichenanleitung für »Daumen hoch« findest du in **Kapitel 6 »Piktogramme – kleiner Bilderkosmos«**.

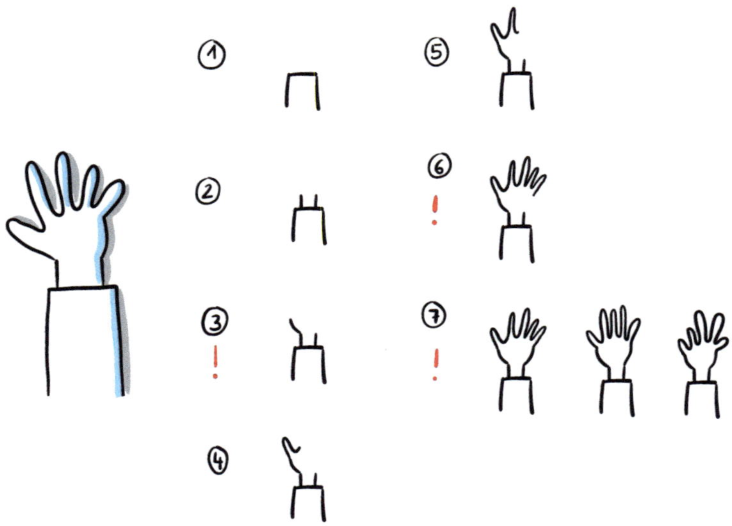

7.22: Achte darauf, dass sich die Hand am Handgelenk verjüngt (Schritt 3 + 6).

In Zeichenschritt 7 habe ich mehrere Hände aufgezeichnet – ein paar unperfekte Schönheiten sozusagen. Denn selbst, wenn einer der Finger mal nicht die richtige Länge bekommt, sieht man doch eindeutig, dass es eine Hand ist. Und darauf kommt es an. Lass dich nicht entmutigen!

7.23: Wer ist der Sieger?

7.24: Der Daumen wird in einem Strich gezeichnet.

Auch wenn die Haas'schen Männchen keine Ärmel haben, kann man die Hände problemlos mit ihnen kombinieren.

7.25: Die ewige Frage – wie hält man ein Telefon?

Um die Hand mit Telefon so einfach wie möglich umzusetzen, achte auf folgende Details:

- Die Hand sieht aus wie der doppelwandige Großbuchstabe »E«.
- Hand und Kopf sollten möglichst nah beisammen sein.

Hier sind noch weitere Beispiele für Hände:

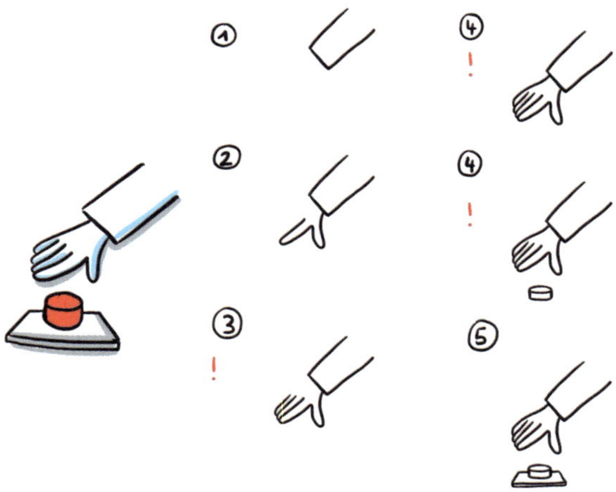

7.26: Der letzte Finger verläuft parallel zum Handgelenk.

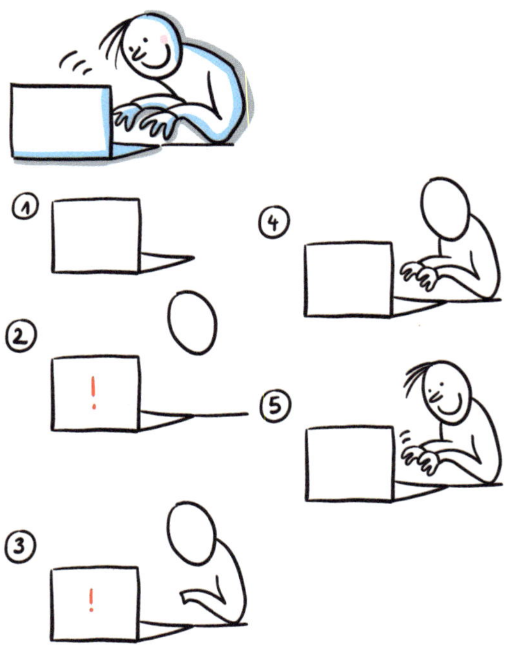

7.27: Wer sitzt da am PC?

Achte darauf, dass der Kopf in einer leichten Neigung zum Laptop eingezeichnet ist (Bild 7.27, Schritt 3).

Ich denke, jetzt hast du einen guten Fundus an Figuren, die du nach Herzenslust ausprobieren und üben kannst. Und ich bin mir sicher, du wirst brillieren!

Mimik

Einen kleinen Ausflug in die Mimik möchte ich natürlich auch noch mit dir wagen. Wir haben ja schon darüber gesprochen, dass Figuren ohne Gesicht meist dann verwendet werden, wenn es eher um die Figur im Kontext zu anderen Figuren geht oder darum, ob wir von einer Gruppe oder einzelnen Personen sprechen.

Wenn du aber ein Gefühl wiedergeben möchtest, kommst du ohne die Mimik nun einmal nicht aus. Bereits kleine Striche können eine große Wirkung erzielen und sind deshalb auch wirklich leicht umzusetzen.

Fangen wir mit den geschlossenen Augen an. Kannst du den Unterschied zwischen den beiden Figuren erkennen? Sie haben beide die Augen geschlossen und sagen dennoch jede für sich etwas anderes aus. Dabei ist nur die Form der Augen verändert worden. Der Rest des Gesichts ist identisch.

7.28: Was ist der Unterschied?

Die Figur links hat die Augen geschlossen, als ob sie schlafen oder meditieren würde (was einem schlafähnlichen Zustand gleichkommt). Die Figur rechts (hier sind die Wölbungen der Augen nach oben gerichtet) freut sich einfach und hat dabei die Augen geschlossen. Du siehst, eine kleine Veränderung kann in der sehr abstrahierten Zeichnung eine große Bedeutung haben. Und weil man so schnell ein Erfolgserlebnis mit der Mimik von Figuren hat, machen wir das jetzt einmal gemeinsam.

Die drei markantesten Gefühlsregungen, die du an einem Gesicht in unterschiedlichen Nuancen ablesen kannst, sind Freude, Traurigkeit und Wut. Diese drei Gefühle möchte ich dir anhand meiner Augenbrauentabelle aufzeigen. Wenn du sie nachzeichnen möchtest, male in drei Reihen fünf Kreise auf ein Stück Papier.

Das erste Gesicht ist auf den folgenden Bildern immer identisch. Doch wenn du die Augenbrauen und die Mundwinkel beobachtest, verändern diese das ganze Gesicht nach und nach.

Fröhlich

7.29: Augenbrauen und Mundwinkel machen einen tollen Job.

Wenn dein Gesicht fröhlich wirken soll, bleiben die Augenbrauen in der Ausgangsform. Die Wölbung der Braue geht also nach oben. Nach und nach – das kommt ganz darauf an, wie fröhlich du deine Figur zeichnen möchtest – rutschen die Augenbrauen nach außen. Von einem Zifferblatt gesprochen entspräche das in etwa 11 und 14 Uhr. Außerdem wandern die Augenbrauen – »je besser der Witz war« – immer weiter nach außen in Richtung der Kopflinie.

Das letzte Bild zeigt die Augen geschlossen und Lachtränen um den Kopf herum.

Traurig

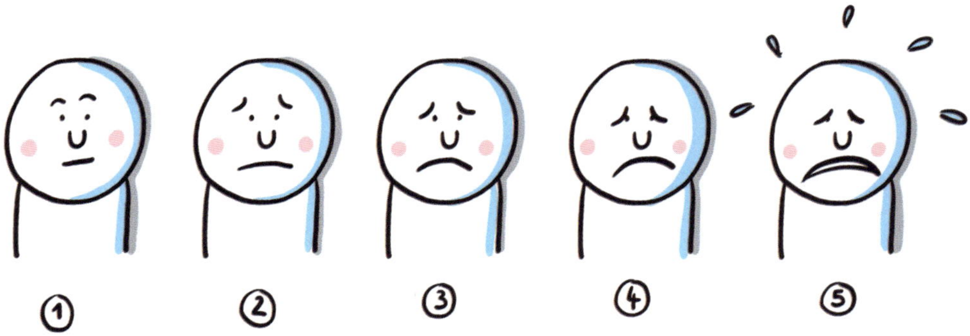

7.30: Die Wölbung der Brauen ist hier nach unten gerichtet.

Das traurige Gesicht startet mit demselben Ausdruck wie das fröhliche. Jetzt verändern sich aber in den nächsten Bildern wieder die Augenbrauen. Die Wölbung geht dieses Mal nach innen – also in Richtung Auge – und wandert immer näher an das Auge heran. Als Eselsbrücke sage ich immer: »Die Traurigkeit drückt auf die Augen«. Am Ende verdeckt die Braue gar das Auge zur Hälfte.

Wütend

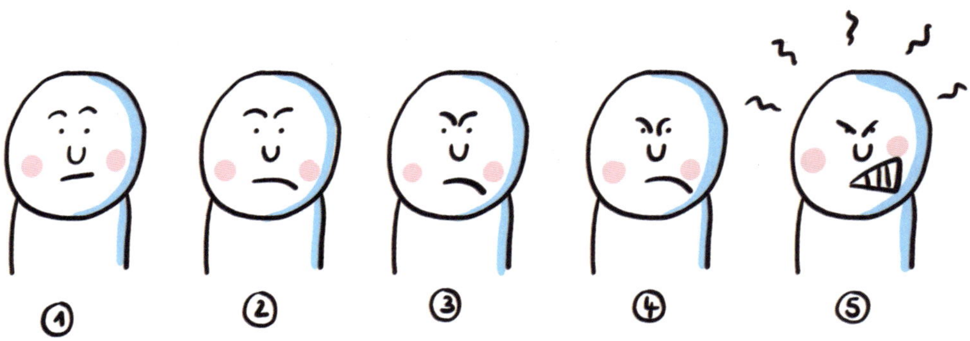

7.31: Zähne zeigen

Das wütende Gesicht behält die Wölbung des Ausgangsgesichts bei. Die Brauen rutschen nun jedoch nach innen. Je wütender der Gesichtsausdruck werden soll, umso enger winden sich die Brauen um das Auge. Die gesteigerte Wut kann schließlich mit gerade gezogenen Augenbrauen dargestellt werden. Der Mund wird schräg eingezeichnet und öffnet sich am Ende. Nicht umsonst heißt es: Zähne zeigen.

Punkt- oder Kulleraugen

Zugegebenermaßen hat man nicht immer genügend Platz, um auf einem Flipchart Männchen mit Kulleraugen zu malen. Oft hast du sicherlich den Marker mit Rund- oder Keilspitze in der Hand, die das Zeichnen von Kulleraugen nicht gerade erleichtern. Aber dennoch möchte ich dir diese Augenvariation nicht vorenthalten, denn oftmals kann der passende Gesichtsausdruck dein Flipchart-Poster wirklich ausdrucksstärker machen und vor allem für eine bestimmte Gefühlsregung eindeutiger sein.

7.32: Mehr Varianten

Neben Figuren kannst du auch wunderbar kleine Tier-Icons auf deinem Flipchart-Poster verwenden. Wieso Tiere? In unserem westlichen Verständnis sind bestimmten Tieren bestimmte Eigenschaften zugeordnet. Wie du Tiere sinnvoll auf dem Flipchart einsetzen kannst und durch welche Striche du einen Hund von einer Katze unterscheidest, zeige ich dir nächsten Abschnitt.

Der Einsatz von Tier-Icons

Für die schnelle Visualisierung am Flipchart ist es oftmals wichtig, spontane Einfälle zu nutzen. Gerade bei der Umsetzung von Adjektiven kann da der Einsatz von Tieren spielerisch und dennoch überaus treffend sein. Mit Tieren identifizieren wir uns zwar nicht so wie mit Figuren, aber Tiere können eingesetzt werden:

- für menschliche Eigenschaften
- als Metaphern

Tiere vertreten menschliche Eigenschaften

Vielleicht ist jemand schlau wie ein Fuchs oder aber eigensinnig wie eine Katze, treu wie ein Hund oder der Hamster im Rad. Du siehst, auch Tiere können in der Visualisierung einen Platz einnehmen, wenn wir ihre Eigenschaften als Teil unserer Abstraktion verstehen.

Im Folgenden habe ich dir eine Liste einiger Tiere zusammengestellt, die – metaphorisch gesprochen – jedes für sich eine eigene menschliche Eigenschaft vertreten. Weiter hinten in diesem Kapitel findest du alle Tiere auch noch einmal als Zeichnung wieder.

- Hund – treu
- Eule – weise
- Fuchs – listig
- Schnecke – beharrlich, langsam
- Löwe – mutig
- Biene – fleißig
- Esel – stur, dumm
- Katze – eigensinnig
- Schwein – bringt Glück

Tiere als Metaphern

Auch und vor allem im Business-Kontext können Tiere wunderbar als Metaphern verwendet werden. Der Einsatz von Tieren in einem visuell eher formellen Umfeld sorgt für eine emotionalere Bewertung eines bestimmten Sachverhaltes. Auf dem Flipchart wird die Visualisierung von Tieren in Form von Metaphern zum Blickfang, kann gut singulär eingesetzt werden und somit Platz schaffen für mehr Text.

7.33: Ist die Möhre Anreiz genug?

7.34: Ein langer Hals verschafft guten Überblick.

7.35: Raupen fressen nun mal gerne.

Tiere zeichnen und unterscheiden

Wie bei allen Dingen, die du auf das Flipchart zeichnest, musst du dir auch hier Gedanken machen, was das Tier optisch ausmacht. Also, was ist das Besondere an einem Fuchs, und worin unterscheidet er sich vom Hund? Gibt es etwas, das ich als optische Hilfestellung oder Kontext hinzufügen kann?

Im folgenden Bild habe ich die Besonderheiten einiger Tiere rot markiert.

7.36: Jedes Tier hat ein markantes Detail.

- Fuchs – buschiger Schwanz
- Biene – gestreifter Körper
- Schwein – Ringelschwänzchen
- Eule – Körperform
- Löwe – Mähne
- Katze – (vielleicht nicht ganz so eindeutig, aber in der Summe aussagekräftig) Schnurrhaare, spitze Ohren und flexibler Schwanz
- Hund – (im Zweifel) langer Dackelkörper
- Schnecke – Schneckenhaus
- Esel – lange Ohren und Pinselquaste

Lass uns noch einmal einen genaueren Blick auf Hund, Katze und Fuchs werfen. Was haben die drei Tiere gemein, und worin unterscheiden sie sich optisch?

Zunächst einmal handelt es sich um drei Tiere, von denen jedes vier Beine, einen Schwanz und eine Schnauze hat.

7.37: Ganz klar – Vierfüßler mit Schnauze und Schwanz

Jetzt hast du zunächst drei gleiche Tiere. Also, was unterscheidet die drei voneinander? Konzentriere dich erst einmal nur auf die Elemente Schnauze und Schwanz.

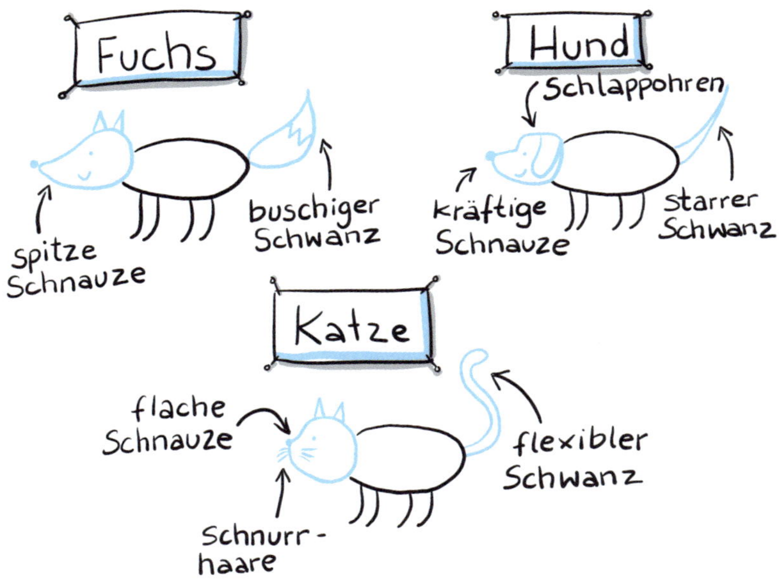

7.38: Jetzt wird es klarer.

Wenn möglich, kannst du auch zur Farbe greifen, um das Tier noch genauer darzustellen.

7.39: Mit Rot noch einen Akzent setzen

Lass uns den Fuchs einmal zusammen zeichnen.

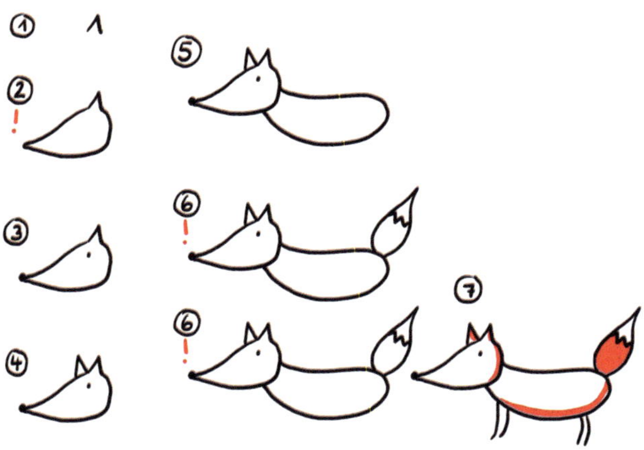

7.40: Strich für Strich zum Fuchsgesicht

Die Schnauze darf beim Fuchs richtig schön spitz zulaufen. Die Maserung des Schwanzes kannst du gerne mit einzeichnen.

Setze Farbe als Interpretationshilfe ein, wenn dir die Gestaltung zu schwer wird. Wie viele Tiere gibt es schon, die beispielsweise schwarz-weiß gestreift sind?

Ich habe mir überlegt, dass es am besten helfen wird, wenn ich jeweils zwei Tiere gegenüberstelle. So kannst du direkt die kleinen Unterschiede erkennen und gleichzeitig auch auf einen Blick sehen, welches die markantesten Eigenschaften eines jeden Tieres sind.

Nun lass uns gemeinsam einen Blick auf die folgenden Tiere werfen. Auch hier geht es nicht um eine naturalistische Abbildung, sondern um Gemeinsamkeiten, Unterschiede und vor allem um markante Eigenschaften. Oftmals kannst du alleine an der Silhouette eines Körpers erkennen, um welches Tier es sich handelt. Ich habe versucht, alle Tiere so einfach wie möglich zu zeichnen. Die Katze hat einen geschwungeneren Schwanz als der Hund, die Ente einen geschwungenen Schnabel.

7.41: Gegenüberstellungen

Manchmal ist es leichter, ein Tier von vorne zu zeichnen statt von der Seite. Beispiele hierfür findest du im nächsten Bild.

7.42: Frontale Eindeutigkeit

Aber auch für die Tiere gilt: Mach es dir nicht zu schwer, verbanne deinen Perfektionismus in die hinterste Ecke deines Gehirns, und lege einfach los.

Nun bist du gut gewappnet für alles, was mit Schrift, Farben, Textboxen, Piktogrammen, Figuren und Tieren zusammenhängt. Alles zum Thema Aufbau und Struktur findest du im kommenden Kapitel.

8 Aufbau und Struktur

Nun hast du schon diverse Gestaltungsmöglichkeiten kennengelernt und eingeübt, weshalb ich dir nun ein bisschen mehr zum Aufbau und der Struktur eines Flipchart-Posters erklären möchte. Der wichtigste Tipp, den ich dir für die Gestaltung deines Flipcharts mit auf den Weg geben kann, ist: Denk immer daran, dass du das Poster nicht für dich alleine machst. Es ist für eine Gruppe von Menschen gedacht, die neugierig oder informiert werden sollen.

Der Aufbau mithilfe von Bildmodulen

Im Grunde besteht ein Flipchart-Poster aus den folgenden Modulen, die ich in den vorherigen Kapiteln bereits vorgestellt habe:

- Titel
- Untertitel
- Bulletpoints
- Text
- Textboxen, Piktogramme, ggf. Pfeile
- Farbe und Schatten
- Rahmenlinie

Im Folgenden baue ich ein Poster Schritt für Schritt auf, um dann im zweiten Teil dieses Kapitels ein bisschen mehr über die verschiedenen Strukturmöglichkeiten zu zeigen.

Los geht's

Du brauchst Flipchart-Papier, einen Outliner, ein Grau für die Schatten, und überlege dir drei weitere Farben, mit denen du dieses Poster gestalten willst – gerne drei andere als ich verwendet habe.

Für unser Übungsposter wähle ich das Thema »Die Gestaltung eines ansprechenden Flipchart-Posters« – der Titel hierfür soll heißen: »Flipchart – schnell visuell«. Und damit gebe ich dir auch schon den ersten Hinweis, was für ein Flipchart-Poster wichtig ist. Wähle einen kurzen, verständlichen Titel, der schnell lesbar ist und verständlich macht, was dein Poster aussagen will.

Wie du deine Inhalte zu einem Konzentrat sinnvoll zusammenfasst, erkläre ich dir etwas später, wenn es um die Abstraktion in der Visualisierung geht, denn welche Inhalte du letztendlich auf dein Poster bringst, wird die schwierigere Frage sein.

Nun kannst du Schritt für Schritt einfach an deinem Poster mitzeichnen. Zuerst platziere ich den Titel – ganz klassisch – oben in die Mitte des Posters. Dieser darf gerne fetter geschrieben werden als die Untertitel, die in diesem Beispiel in vier Quadranten stehen.

Wenn du dir bei den Abständen zwischen Titel und Untertitel noch unsicher bist, kannst du zur Orientierung auch erst einmal Klebezettel auf deinem Poster anbringen, um zu sehen, in welchen Abständen die Titel geschrieben werden müssen.

Ich habe mich für die vier wichtigsten Gestaltungsgrundlagen entschieden: Schrift, Piktogramme, Farbe und Textboxen.

Als Nächstes zeichne ich die Bulletpoints ein und schreibe danach die dazugehörigen Stichworte zu den jeweiligen Themenbereichen.

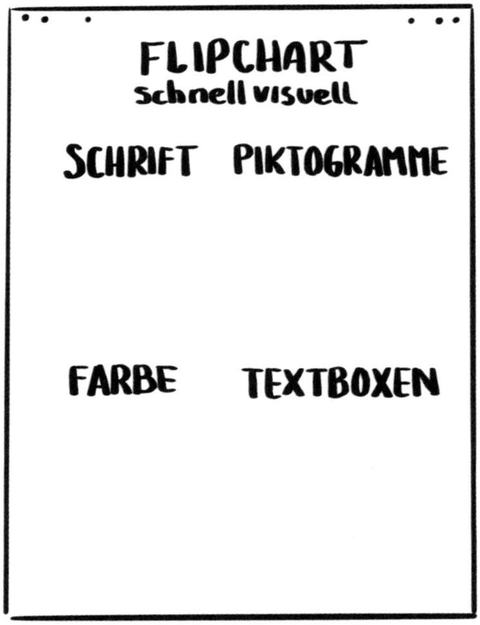

8.1: Welcher Inhalt soll aufs Poster?

8.2: Bulletpoints und Texte hinzufügen

Jetzt zeichnest du ein paar Piktogramme dazu. Wie du sehen kannst, muss nicht jede Überschrift bebildert werden. Wenn der Platz nicht ganz ausreicht, ist es besser, darauf zu verzichten.

In diesem Bild siehst du schon rote Pfeile. Über das Thema Farbe wurde zwar bisher noch nichts gesagt, aber in diesem Fall dient der Pfeil nicht als Textbox, sondern als Hilfsmittel, um die Leserichtung fest zu legen. Ich habe mich dafür entschieden, den Pfeil direkt in Rot einzuzeichnen, weil ein doppelwandiger Pfeil, der später eingefärbt würde, zu viel Platz einnehmen würde.

8.3: Wo machen Piktogramme Sinn?

8.4: Ist genug Platz für doppelwandige Pfeile?

Jetzt kann ich meine Textcontainer ziehen. »Warum erst jetzt?«, fragst du dich vielleicht. Das liegt daran, dass ich an mancher Stelle die Piktogramme nicht komplett außerhalb des Textcontainers stehen haben möchte. Ich will das Bild integrieren. Das nächste Bild zeigt den Unterschied. Einmal habe ich den Textcontainer direkt geschlossen und erst danach das Bild hinzugefügt. Beim zweiten Bild siehst du, wie es aussieht, wenn man den Textcontainer erst ganz zum Schluss um den Text zieht.

8.5: Bild und Textbox gehören zusammen.

Nun kann man die Überschriften in Textboxen einrahmen. Ob du alle gleich zeichnest oder unterschiedlich, bleibt dir überlassen.

8.6: Textboxen können nun gezogen werden.

Wenn du Platz hast, empfehle ich dir, einen Rahmen um deine Flipchart-Inhalte zu ziehen. Warum? Weil das dem Auge ebenso Halt gibt wie die Textboxen deinen Worten Halt geben. Deine Inhalte schweben nicht völlig frei auf dem Poster herum. Schau doch mal selber, in Bild 8.7 wird es gezeigt.

8.7: Ein Rahmen um das Poster gibt dem Auge Halt.

Der letzte Schritt umfasst Farbe, womit ich in diesem Falle auch die Schatten meine. Überlege dir gut, welche Farben du verwenden und was du damit aussagen willst.

Vergiss nicht, Schatten zu ziehen. Und schwupps – tatatata – ist dein eigenes Poster fertig.

8.8: Farbe ins Spiel bringen.

Wenn du noch ein bisschen mehr Feintuning machen willst, kannst du dich jetzt noch mit Pastellkreide versuchen.

Wenn du das Poster aufbewahren möchtest, vergiss bitte nicht, die Pastellkreide vorher noch mit einem Fixierspray zu besprühen.

8.9: Kreide bei Gefallen einsetzen.

Struktur auf dem Flipchart

Jetzt hast du schon gemeinsam mit mir ein Poster zusammengestellt. Dennoch ist die Frage nach dem »Wohin?« eine sehr wichtige. Alle Gestaltungsmodule zielten bisher darauf ab, wie du dein Poster als visuellen Augenschmaus präsentieren kannst. Die Optik teile ich dabei in Schönheit und Sinnhaftigkeit auf. Zum einen soll dein Flipchart-Poster gut aussehen, aber gleichzeitig soll eine sinnvolle Aufteilung dem Betrachter einen Mehrwert bieten und Inhalte schneller erfassbar machen. Das ist besonders dann wichtig, wenn du mit mehreren Kleingruppen und mehreren Postern arbeitest.

Wenn z. B. jede Gruppe nur wenig Zeit für eine kleine Diskussion am Poster hat, ist es doppelt wichtig, dass die Inhalte klar und sauber strukturiert und schnell erkennbar sind.

Struktur durch Anordnung

Du kannst den Titel deines Flipchart-Posters auf unterschiedliche Art und Weise anordnen. Ich empfehle dir folgende Möglichkeiten:

- oben mittig
- in der Mitte des Papiers
- unten mittig

8.10: Oben – unten – mittig – wo soll der Titel hin?

Die Anordnung deines Flipchart-Titels gibt auch gleich Aufschluss darüber, wie du deinen Text auf das Poster bringst.

Wenn der Titel oben oder unten steht, kannst du deinen Text beispielsweise wie folgt anordnen:

- linear
- horizontal in Spalten
- vertikal in Spalten
- kreisförmig

8.11: Lineare Strukturen

Bei horizontalen Spalten ist die Leserichtung meist vorgegeben, denn wenn du etwas in Spalten schreibst, fängt der Betrachter entweder ganz unten an zu lesen oder aber ganz oben.

Wenn dein Titel in der Mitte steht, ist die Leserichtung des Textes meist nicht klar vorgegeben. Daher kannst du deinen Text kreisförmig und in loser Reihenfolge um den Titel drapieren. Das sieht dann in etwa so aus:

8.12: Vertikale und kreisförmige Strukturen

Struktur durch Farbe

Nicht nur durch reine Anordnung der Textbausteine und Piktogramme kann man auf dem Flipchart-Poster Struktur schaffen. Auch durch den Einsatz von Farbflächen kann der Betrachter aus der Ferne bereits eine Struktur erkennen. Das ist natürlich gerade beim Flipchart praktisch, da oftmals mehrere Personen gleichzeitig vor dem Plakat stehen oder darüber diskutieren.

Das Strukturieren mit Farbe eignet sich vor allem bei Flipcharts mit mehr Text und weniger Piktogrammen. Auch hier gilt: Farbe zart einsetzen und die Kreide nicht über die Texte und Bulletpoints verstreichen.

Wie das auf dem Poster aussehen kann, siehst du hier:

8.13: Farbe kann auch strukturieren.

Farbe kann auch noch auf eine andere Art und Weise als strukturgebend eingesetzt werden, nämlich als Platzhalter für eine Textbox.

Wenn wirklich einmal wenig Zeit ist, du diese Form der Textboxen einfach bevorzugst oder dir aber Farbstruktur auf deinem Poster sehr wichtig ist, können dir schlichte Farbstriche mit der breiten Seite eines bunten Markers (es gibt diese auch in großen Größen; bei Neuland heißen sie dann *BigOne*) weiterhelfen.

Du ziehst dann keine Textbox um deine Überschrift, sondern hinterlegst dein Schlagwort einfach mit einem dicken Strich leuchtender Farbe. Das kann dann so aussehen:

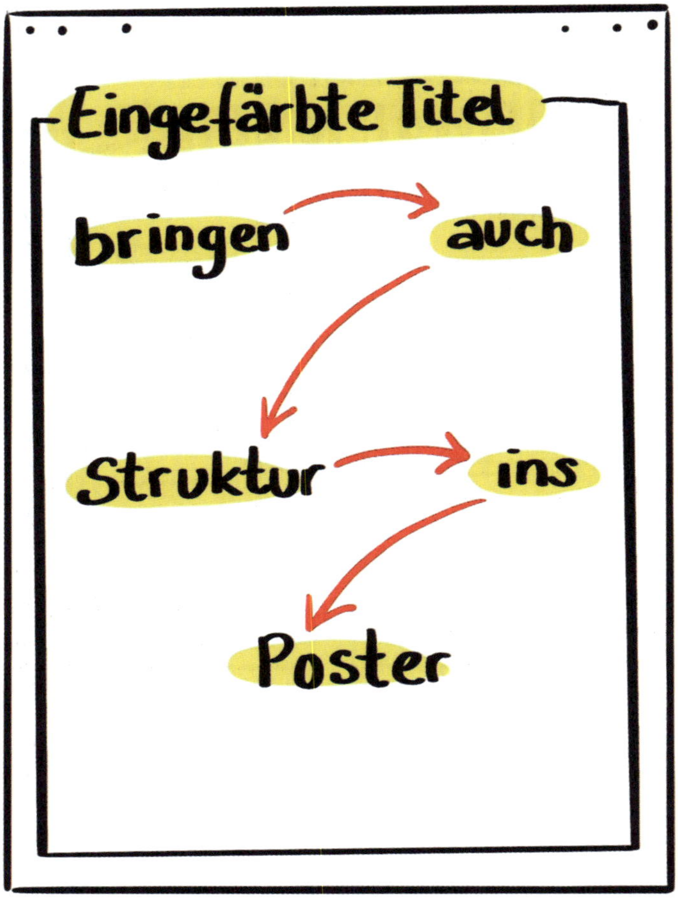

8.14: Text einfach bunt markieren

Struktur durch Dimension

Eine weitere Möglichkeit, dein Flipchart-Poster zu strukturieren und gleich auf den ersten Blick für die Betrachter verständlich zu machen, ist das Schaffen von Dimension.

Gibt es beispielsweise einen Weg, der am Horizont verschwindet, dann ist dieser Weg ganz vorne viel breiter als hinten am gemalten Horizont.

Die Dimension der Zeit kann man besonders gut mit einem Weg darstellen, ebenso wie Zukunft oder Ziele.

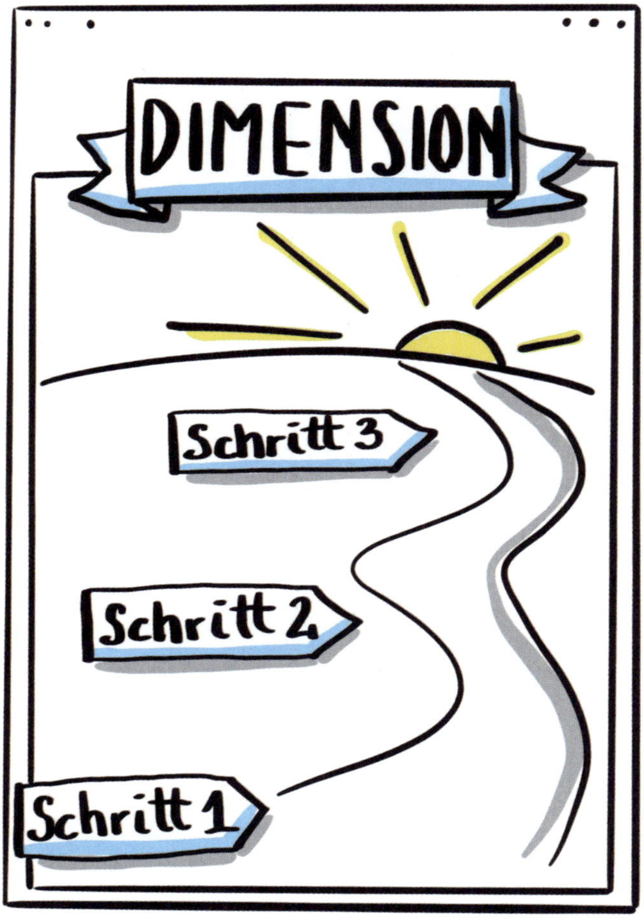

8.15: Struktur durch Dimension

Arbeite außerdem auch damit, bestimmte Piktogramme in einem Poster sehr groß und im nächsten Poster sehr klein zu zeichnen. In meinem Beispielbild siehst du zwei Poster, die man idealerweise nebeneinander hängen könnte. Die Lupe ist links extrem groß eingezeichnet, was dazu führt, dass man sie sofort als sehr bedeutsam wahrnimmt.

Rechts zeigt die kleine Lupe nun – wie bei einer Karten-Legende – noch einmal genauer an, welches Detail genauer beleuchtet werden soll.

8.16: Zwei Poster, die zusammengehören

9 Gute Visualisierung verlangt gute Abstraktion

Jetzt geht's ans Eingemachte – würde der Volksmund sagen. Denn die Grundlagen für die Gestaltung hast du in den vorherigen Kapiteln bereits kennengelernt. Du weißt, wie man Schriften, Farbe und Schatten einsetzt, hast einige Textcontainer geübt und kennst die grundlegenden Strukturelemente, die für eine übersichtliche Gestaltung wichtig sind.

Nun möchte ich gerne den nächsten Schritt mit dir zusammen wagen. Du hast vielleicht schon gemerkt, dass man sich in der Visualisierung mit ein paar kleinen Tricks und Kniffen sehr leicht behelfen kann. Das Zeichnen von einfachen Piktogrammen und Figuren hat ja auch schon ganz gut geklappt.

Nun geht es aber darum, die Aufmerksamkeit auf die Abstraktion von Inhalten zu legen und gemeinsam zu überlegen, wie ein Poster nicht nur ansprechend gestaltet werden kann, sondern auf welche Weise du deine Inhalte so zu einem sinnvollen Konzentrat zusammenfassen kann, dass du die Inhalte leichter visualisieren kannst.

Es geht also nicht darum, abstrahiert zu zeichnen, sondern das Abstrahierte des Inhalts abzubilden!

Einer meiner Teilnehmer aus einer Personalabteilung fragte mich einmal während eines Basisworkshops:

»Aber wie abstrahiert man denn seine Inhalte?«

9.1: Abstraktion – gar nicht so einfach

Diese Frage stand wie ein Hilfeschrei im Raum und bewog mich dazu, die Abstraktion auch zum Thema der Flipchart-Gestaltung zu machen.

Wie der Titel dieses Kapitels schon sagt, geht einer guten Visualisierung immer eine gute Abstraktion voraus.

Darum möchte ich dich mit diesem Kapitel dazu befähigen, deine Inhalte selbst zu abstrahieren, um dann im nächsten Schritt die passende Visualisierung daraus zu kreieren. Für dich als Flipchart-Neuling ist das besonders für deine Arbeit mit dem Flipchart dann von Mehrwert, wenn du deine Poster vorbereiten und dir vorab Gedanken machen kannst, wie du dein Projekt oder dein Anliegen mittels Flipchart in die Gesprächsrunde transportierst.

Das wiederholte Fragenstellen soll dir dabei helfen, deine Inhalte zunächst schriftlich zu kürzen und auf ein Konzentrat zu schrumpfen, das es dir möglich macht, ein passendes Bild für deine Visualisierung zu finden.

Hierzu möchte ich dir eine hilfreiche Abstraktionsmethode näherbringen.

Abstraktion: Wie das Schälen einer Zwiebel

Warum fällt es uns oft so schwer, Dinge vereinfacht zu erklären? Wieso müssen wir manchmal weit ausholen, um einen Sachverhalt näher zu definieren? Wenn ich beispielsweise jemanden frage, warum dies oder jenes bei meinem PC nicht funktioniert, möchte ich es einfach erklärt haben. Ich bin schließlich nicht vom Fach. Und wenn man es mir auf einfache Art und Weise erklärt, habe ich schnell ein Bild im Kopf, das immer wieder in meinem Hirn auftaucht und mich daran erinnert, wie die Sache funktioniert.

Meine Schwester kann unheimlich gut erklären. Als ich damals anfing an der Universität zu arbeiten und das mit den verschiedenen Servern einfach nicht so recht verstand (ja, ich bin kein Digital Native), erklärte sie mir die Sache folgendermaßen:

Stell dir vor, deine Dateien sind deine Kleidungsstücke, und der Server ist der Kleiderschrank. Für unsere Arbeit haben wir verschiedene Server, auf denen Dokumente abgelegt werden, und diese Server stehen nicht am selben Ort. Wenn du also nun ein Kleidungsstück in den einen Schrank hängst, kannst du es im anderen Schrank nicht finden. Klar? Klar.

9.2: Bildmetaphern bleiben hängen.

Diese Erklärung fand ich genial. Intuitiv hatte meine Schwester eine Metapher gewählt, um mir den Sachverhalt zu erklären. Seither muss ich ab und zu an Excel-Tabellen denken, wenn ich mir ein Kleid aus meinem Schrank nehme.

Wenn du klar und deutlich kommunizieren willst, dann sag es so einfach wie möglich. Und wenn du es einfach sagen kannst, kannst du auch in Bildern sprechen. Das Thema bleibt dann auch bei Zuhörern und Zuschauern nachhaltig hängen. Ich sage nur: Kleiderschrank.

Um diese Vereinfachung und zugleich die dazugehörige Strukturierung deiner Inhalte umzusetzen, möchte ich dir gerne meine Zwiebel-Methode an die Hand geben. Ähnlich der »Why? How? What?-Methode« (auch »Golden Circle« genannt) des britischen Unternehmensberaters Simon Sinek bette ich die drei Fragen in den Abstraktionsprozess ein.

Als »Zwiebel« bezeichne ich dies deshalb, weil das Abstrahieren ja manchmal tatsächlich wie das Schälen einer Zwiebel ist. Wir müssen uns von einigen Schichten trennen, um an das Wesentliche der Zwiebel heranzukommen. Dabei kann es schon mal Tränen geben, denn sich von dem Drumherum zu verabschieden, kann ebenso schwierig sein, wie die Zwiebelhäutchen abzuziehen.

9.3: Von welchen Inhalten kann ich mich trennen?

Die Zwiebel-Methode

Die Zwiebel-Methode hilft dir dabei, deine Inhalte im ersten Schritt zu abstrahieren und im darauffolgenden Schritt zu strukturieren.

Im folgenden Bild siehst du einen Ablaufplan, wie die einzelnen Schritte aussehen werden.

9.4: In vier Schritten zur Abstraktion

Bevor wir mit dem Zeichnen beginnen, musst du in die Vorarbeit gehen. Wir arbeiten zunächst mit Text, schälen die Zwiebel, wenn du so willst, und wenden uns dann der Visualisierung zu.

Gerade für die Arbeit am Flipchart, wo Interaktion und Diskussion – wie bereits beschrieben – unmittelbar möglich sind, kann dir diese Methode dabei helfen, klarer zu visualisieren.

Sagen wir, du willst im Team ein neues Projekt vorstellen und anhand eines Flipchart-Posters erklären – vielleicht später auch interaktiv mit allen Beteiligten und deinen Bildvokabeln daran weiterarbeiten. Das Projekt ist umfangreich und komplex. Wie gelingt es dir nun also, die wichtigsten Parameter auf das Papier zu bringen?

Schritt 1 – Zusammenfassen

Fasse dein Projekt zunächst in einer DIN A4-Seite textlich zusammen. Ja, das hört sich jetzt vielleicht weniger spannend an, ist es aber. Denn du darfst keine Fremdwörter und keine Fachbegriffe verwenden und musst dich kürzer fassen, als du es gewohnt bist.

Gliedere, wenn möglich, die wichtigsten Punkte in Absätzen.

Schreibe so, dass es jemand sofort verstehen würde, der von deiner Arbeit eigentlich keine Ahnung hat.

Es ist erforderlich, alles erst einmal so zu erklären, dass es sogar ein kleines Kind oder jemand, der nur sehr wenig Zeit hat, dir zuzuhören, verstehen könnte.

Das ist wie beim berühmten Elevator Pitch, der in der Startup-Branche sehr bekannt ist. Man muss als junger Gründer dazu in der Lage sein, seine Geschäftsidee innerhalb weniger Minuten zu erklären. Dabei stellt man sich vor, man stünde zusammen mit einem schwerreichen potentiellen Investor in einem Fahrstuhl. Das Problem bei der Fahrstuhlfahrt besteht darin, dass der Investor bei Etage 10 schon wieder aussteigt. Es bleibt also nicht viel Zeit.

Für die Abstrahierung deiner Inhalte hast du sicherlich mehr Zeit als der junge Gründer im Fahrstuhl, aber dieses Beispiel soll dir zeigen, welche Parameter bei der Visualisierung eine große Rolle spielen.

9.5: Vom Spezialisten zum Generalisten

Die oben beschriebene Vorarbeit ist dazu gedacht, die wirklich oft äußerst komplexen Themen schon ein erstes Mal herunterzubrechen. Jemand, der fachfremd ist, sollte in der Lage sein, das Thema irgendwie zu fassen zu bekommen.

Klingt einfach? Na, dann mal los ...

Wenn das geschafft ist, gehst du zu Schritt 2 über.

Schritt 2 – Fragen

Nun geht es mit vier ganz einfachen Fragen weiter. Diese schreibst du nun auf dein Flipchart-Papier.

9.6: Deine vier Fragen zur Abstraktion

Mit den Fragen Was? Wer? Wozu? und Wie? kommst du nach dem Zwiebelprinzip allen wirklich wichtigen Dingen deines Projekts auf die Spur.

Schreibe nun zu jeder Frage ein paar Schlagworte und Stichpunkte auf, nutze dafür das bereits erarbeitete Abstract.

Und auch, wenn dir dieser Arbeitsschritt sehr profan vorkommen mag, so lass dir gesagt sein, dass dies einer der wichtigsten Arbeitsschritte ist. In der Kürze liegt die Würze, heißt es ja so schön. Aber diese Kürze bereitet so manchem Kopfzerbrechen. Also bring es auf den Punkt.

Wenden wir uns nun etwas genauer den Fragen zu, die es zu beantworten gilt:

- Was – ist der Kern deines Projekts, das eigentlichen Thema sozusagen? Das »Was« soll sich in einem prägnanten Titel wiederspiegeln. Kannst du das Projekt in nur einem Satz erklären, der keine Fragen mehr offenlässt? Welcher Aspekt oder Teilaspekt deines Projekts soll beleuchtet werden? Kannst du einen Titel formulieren?
- Wozu – brauchst du die Präsentation deines Projekts? Welches Problem oder welche Lösung willst du aufzeigen? (Wenn es möglich ist, wende dich nur einem Problem zu.)
- Wie – möchtest du das Ziel erreichen, das du zuvor definiert hast? Hier meine ich nicht die visuelle Umsetzung, sondern die inhaltliche. Welche Punkte dürfen nicht fehlen, welche Schritte helfen dir auf dem Weg zum Ziel – auf dem Weg zu dem »Wozu«?
- Wer – Bei allen bisher genannten Fragen, die du in deine Visualisierung einfließen lässt, solltest du nicht aus den Augen verlieren, wer deine Zielgruppe ist. Wer bekommt das Poster später zu sehen? Wer arbeitet und diskutiert mit? Wer entscheidet? Überleg dir außerdem, ob die Zielgruppe auch abgebildet werden sollte, und ob die Zielgruppe einen Einfluss auf die Gestaltung deines Posters hat. So könnte das Poster z.B. eher sachlich und mit nur wenigen Farben gestaltet sein oder bunt und kreativ, davon abhängig, wer deine Zuhörer sind.

Schritt 3 – Assoziationen bilden

Suche nun für jeden Absatz (also für jede beantwortete Frage) ein oder mehrere Schlagworte heraus, die eine Signalwirkung haben oder für die Erklärung deiner Arbeit unabdingbar sind.

Nun bilde Assoziationsketten zu deinen Schlagworten. Alle Worte, die dir in den Sinn kommen und in irgendeiner Verbindung zum Hauptwort stehen, kannst du als Assoziation aufschreiben. Mein gewähltes Beispiel ist ein Poster zum Thema »Verbesserung der Kommunikation am Arbeitsplatz«. Ich bilde also zunächst eine Schlagwortkette zum Thema »Kommunikation«.

9.7: Schlagwortketten bilden und dann visualisieren

Suche nun zu den Schlagwortketten passende Bilder, die du später gut in dein Flipchart einbetten könntest. Im oben abgebildeten Beispiel habe ich mich für das Schlagwort »reden« aus der Schlagwortkette entschieden. Umgesetzt kann das beispielsweise mit zwei sich überlappenden Sprechblasen oder zwei Männchen visualisiert werden, die sich eine gemeinsame Sprechblase teilen.

Schritt 4 – Sortieren

9.8: Fast geschafft

Was: Was ist das Thema und damit der Titel. Suche eine passende Position auf dem Poster.

Wozu: Das ist der visuelle Schwerpunkt, ein Ziel, auf das hingearbeitet wird oder etwas, das es zu verhindern gilt. An welcher Stelle kann dieses Modul gut im Poster eingebettet sein?

Wie: Welches sind einzelne Gliederungspunkte, die du in Textboxen auf dem Poster anordnen kannst? (Was sind deine einzelnen Projektschritte, deine Lösungsansätze, deine Meilensteine oder Problembereiche)

Wer: Hat die Zielgruppe Einfluss auf dein Poster? Sollte diese abgebildet sein? Normalerweise wird die Zielgruppe eher nicht abgebildet. Aber gerade dann, wenn es zum Beispiel um Change-Prozesse im Unternehmen geht und die einzelnen Interessensgruppen Teil des Meetings sind, kann es durchaus Sinn machen, diese Zielgruppe abzubilden, um die Diskussion anzuregen oder auch Kompetenzen klarer darzustellen.

Jetzt hast du es fast geschafft. Deine Titel und Subtitel stehen fest, du hast vielleicht auch schon die passenden Piktogramme gefunden und dein Ziel definiert.

Wenn du Lust hast, kannst du nun auch noch ein bisschen mit den Strukturvarianten spielen.

Übung macht den Meister, und wenn du diese Methode öfter anwendest, wird dir erst bewusst, wie wichtig die Abstraktion in der Visualisierung ist.

10 Bildercodes knacken

Das erste Mal kam mir das Wort Bildercode in den Sinn, als ich im Münchener Literaturhaus eine Lesung des deutschen Illustrators Christoph Niemann besuchte, dessen Arbeiten ich sehr bewundere. Niemann stellte sein Buch »Sunday Sketching« vor und gewährte dem Publikum Einblicke in die kreativen Entstehungsprozesse. »Sunday Sketching« war zunächst als lose Folge von Bildern auf Instagram gedacht.

Niemann kombinierte Alltagsgegenstände mit Illustrationen, um dem Gegenstand eine völlig neue Bedeutung zu verleihen. Für den Betrachter ist dies ein geniales Zusammenspiel aus Form und Sinn. In seiner Lesung erklärte Niemann außerdem, dass ein Bild nur funktioniert, wenn der Sinn dahinter sofort erkannt, der Bildcode also sofort verstanden wird.

Das ließ mir keine Ruhe, und ich dachte mir: Genauso ist es auch bei der Visualisierung auf Flipchart, bei Sketchnotes oder beim Graphic Recording.

Für dich am Flipchart kann das auch bedeuten, dass du durchaus ein Bild verwenden kannst, das auf den ersten Blick nichts mit dem eigentlichen Inhalt im Wortsinne zu tun hat. Aber es muss eben trotzdem passend erkannt werden. Der Visualisierer und der Betrachter müssen beide gleichermaßen fähig sein, den Bildercode zu knacken.

Ob so ein Bild passt, kann unter anderem vom interkulturellen Background abhängen oder aber auch unternehmensintern unterschiedlich wahrgenommen werden.

Dieses Kapitel möchte dich dafür sensibilisieren, Bilder zu verwenden, die auch im übertragenen Sinne gut zu den Inhalten passen. Zudem möchte ich dich auf den Kontext eines Bildes aufmerksam machen, auf Homonyme und Redensarten, denn das Wissen darum kann dir die Visualisierung am Flipchart deutlich erleichtern, gerade dann, wenn du Wert auf eine gute Abstraktion und eine noch bessere Wort-Bild-Komposition legst.

Der Kontext

Der Kontext ist für mich ein sehr wichtiger Punkt in der Visualisierung am Flipchart, und ich bin mir sicher, dass du es ebenso empfinden wirst, wenn du weißt, wovon ich spreche. Wenn ich von Kontext spreche, meine ich den Zusammenhang zwischen Figuren und Piktogrammen untereinander. Die Beziehung, in der sie zueinander stehen.

Jede Figur, jedes Piktogramm oder grafische Form kann für sich gesehen natürlich alleine auf einem Flipchart positioniert werden. Aber fügen wir unterschiedlichste Dinge zeichnerisch hinzu, entsteht ein völlig anderer Sinn. Die Figur, das Objekt, steht in einem bestimmten Kontext. Das folgende Bild macht es deutlich.

10.1: Unterschiedliche Wege

Das gehende Männchen bleibt immer gleich, nur der Kontext, das Drumherum, verändert sich. Angenommen, ich bräuchte ein Bild, das aufzeigt, dass ich nach der Arbeit nach Hause gehe, könnten Bild 1 und 2 gut funktionieren. Bild 3 fällt wegen des Hundes weg, aber Bild Nummer 4 wäre aus meiner Sicht das eindeutigste – nämlich das, das auch für sich alleine genommen (ohne Texterklärung) für den Nachhauseweg nach Feierabend stehen könnte.

Ich habe aus folgendem Grund absichtlich dieses Beispiel gewählt: Oft fällt es Anfängern leichter, jemanden zu zeichnen, der schnell läuft oder sitzt. Eine Figur zu visualisieren, die einfach nur geht, ist für viele hingegen sehr schwer. Das liegt an der kaum merklichen Bewegung des Gehens.

Wenn es nun also lediglich um die Gangart ginge, würde jedes der vier Einzelbilder in der obigen Abbildung passen. In Bild 2 zeigt die Sonne einen Spaziergang an, der Hund in Bild 3 deutet ebenso auf eine langsame Gangart hin und das Verlassen der Fabrik (der Arbeitsstelle) mit dem Aktenkoffer ebenso.

Wenn dir beim Zeichnen auf dem Flipchart etwas nicht ganz eindeutig erscheint, füge der Figur oder dem Gegenstand einen Kontext hinzu. Das hilft ungemein.

Im folgenden Bild siehst du einen Käfer, der mit einem Schädlingsbekämpfungsmittel besprüht wird. Die im Bildsinn „wörtliche" Bedeutung könnte demnach einfach für Schädlingsbekämpfung stehen, z. B. für ein Flipchart im Bereich »Hygiene in der Hauswirtschaft«.

Wenn wir jedoch den Kontext verändern, also dem Umfeld dieses Piktogramms etwas hinzufügen, kann es eine völlig andere Bedeutung bekommen.

Zu dem Käfer, der ja im Englischen »Bug» heißt und in der IT als Fehler im System oder Programm bezeichnet wird, fügen wir einfach einen Laptop hinzu und ergänzen das Poster mit Text. Jetzt geht es eben nicht mehr um Schädlingsbekämpfung, sondern um Fehlerbehebung.

10.2: Ein Bild für zwei Bedeutungen

10.3: Von der Hauswirtschaft zur IT

Im Grunde haben wir hier ein Piktogramm, das zwei Bedeutungen haben kann, je nachdem in welchem Kontext es steht. Das ist schon gleich eine wunderbare Überleitung zum nächsten Thema:

Homonyme

Eine spaßige Übung, um sich über die im deutschen Sprachgebrauch geläufigen Bildercodes etwas klarer zu werden, ist ein altes Wortspiel aus Kindertagen. Es heißt Teekesselchen, und der ein oder andere wird es sicherlich schon einmal gespielt haben. Dabei geht es um sogenannte Homonyme.

Ein Homonym ist ein Wort, das im Deutschen zwei oder mehrere unterschiedliche Bedeutungen hat. Das Spiel mit den Homonymen kann uns helfen, ein passendes Bild zu finden, vielleicht auch mal ein »etwas anderes« Bild.

Auf jeden Fall habe ich diese Übung für dich an dieser Stelle mit aufgenommen, um dein visuelles Denken etwas zu schulen. Wenn du vor dem Flipchart stehst und schnell etwas zu Papier bringen musst, hilft dir diese Übung einfach dabei, dein visuelles Vokabular stets aktuell zu halten.

Hier findest du eine kleine Liste mit Homonymen. Die Worte sind absichtlich in Großbuchstaben geschrieben, um Verben ebenso zu identifizieren wie Substantive. Nun leg mal los und versuche für jedes Wort zwei verschiedene Piktogramme zu finden – zwei Piktogramme mit unterschiedlicher Bedeutung. Eine Auflösung findest du im **Anhang A: »Auflösung zu den Bildercodes«**, und ein Beispiel folgt in der nächsten Abbildung.

- BALL
- RASEN
- STRAUß
- SCHLOSS
- HAHN

10.4: Mutter – ein Wort, zwei Bedeutungen

Redewendungen

Redewendungen kommen in unserem täglichen Sprachgebrauch häufig vor und sind ein ideales Übungsfeld für deine Visualisierung am Flipchart. Gängige Phrasen oder geflügelte Worte, wie es so schön heißt, bringen so manchen Sachverhalt auf den Punkt, und du kannst wunderbar damit arbeiten.

Lass uns doch mal einen Blick auf ein paar Aussagen werfen, die wir in geeignete Redensarten umwandeln und dann als Piktogramm auf dem Flipchart zu Papier bringen können.

Achte darauf, dass diese Phrasen natürlich nur im deutschsprachigen Raum gelten und nicht ohne Weiteres in andere Sprachen oder Kulturkreise übersetzbar sind.

Links in den nun folgenden Bildern findest du jeweils eine Aussage, wie sie zum Beispiel jemand aus deinem Team oder in einem Workshop treffen könnte. In der Mitte findest du die angedeutete Überlegung und die zutreffende Redensart und rechts das passende Piktogramm dazu.

10.5: Aussage – Paraphrasierung – Bild

10.6: Bilder mit Text kombinieren

10.7: Die Säue freuen sich …

Die Visualisierung mithilfe von Redensarten ist sehr varianten- aber auch hilfreich. Es gibt noch zahlreiche Beispiele, die ich aufführen könnte, das würde aber an dieser Stelle den Rahmen des Buches sprengen.

Mit der folgenden Aufgabe kannst du selbst tätig werden und den Bildercodes auf die Spur kommen.

Ich habe ein paar Redensarten gesammelt. Versuche nun selbst einmal, ein passendes Bild oder eine geeignete Wort-Bild-Kombination zu finden. Stelle dich an dein Flipchart, schreibe links die Redewendung auf, und zeichne spontan rechts, was dir dazu einfällt. (Natürlich gibt es hierzu auch eine kleine Auflösung am Ende des Buches in **Anhang A: »Auflösung zu den Bildercodes«**.)

- einen Eiertanz aufführen
- aus einer Mücke einen Elefanten machen
- jemanden an der Nase herumführen
- ein Klotz am Bein sein
- den Letzten beißen die Hunde

Positiv und negativ besetzte Worte

Dieses Kapitel ist mir deshalb so wichtig, um dir auch klarzumachen, dass man manchmal wirklich aufpassen muss, welche Visualisierung man wählt. Es gibt Begriffe und Redewendungen, die eventuell negativ konnotiert sein könnten. Das bedeutet, dass Begriffe – abhängig von ihrer kulturellen Prägung – eine weitere emotionale und individuelle Nebenbedeutung haben können. Diese Nebenbedeutung ist dann wertend.

Ebenso gibt es auch Wörter, die in unserem Kulturkreis vorwiegend positiv konnotiert sind. Und somit werden auch die dazu passenden Bilder beim Betrachter als positiv wahrgenommen. Ein paar solcher Bilder möchte ich dir – mitsamt ihrer Bedeutungen – an die Hand liefern. Probiere sie doch gleich einmal auf dem Flipchart aus.

Positive Bilder

Hier habe ich ein paar positiv besetzte Begriffe, das dazugehörige Piktogramm sowie die weiteren möglichen Bedeutungen zusammengefasst. Probiere das doch gleich mal am Flipchart aus.

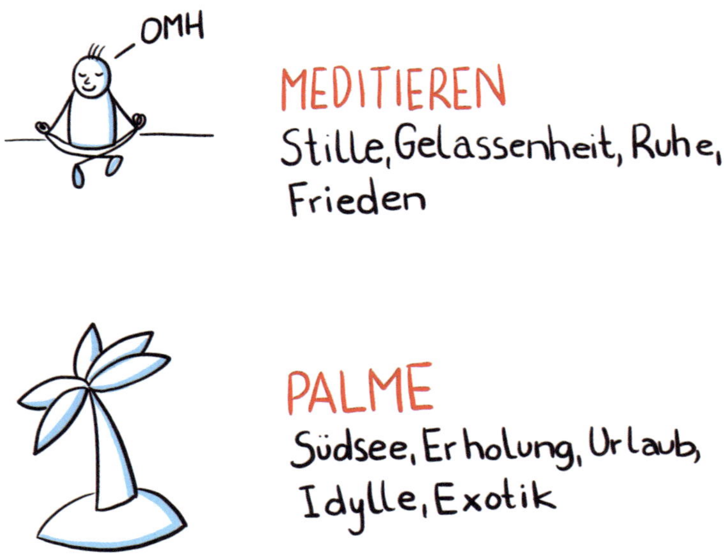

10.8: Meditieren und Palme – positive Worte und passende Bilder

10.9: Positiv betrachtet werden meist Pokal und Rakete.

10.10: Wer denkt schon etwas Negatives über Anker und Geschenk?

Negative Bilder

Für einen Kunden wählte ich für ein Poster das Bild eines Cowboys, der in die untergehende Sonne ritt. Für mich war das ganz klar das Bild für »auf in neue Abenteuer« oder »lass uns sehen, was der Morgen bringt«. Für den Kunden ging die untergehende Sonne gar nicht. Das war für ihn gleichzusetzen mit »wir sind am Ende«.

Dies ist einmal mehr ein Beispiel dafür, ob ein Bildercode erkannt wurde oder nicht. Anbei findest du eine kleine Liste von Piktogrammen, die ich eher verwende, wenn es um negative Wortbilder geht.

HAIFISCHFLOSSE
Gefahr, Bedrohung, Disruption, Angst

KAKTUS
Schmerz, Vorsicht, Umsicht (Fehlerkultur)

10.11: Ich nutze den Kaktus oft als Piktogramm für Fehlerkultur – bisher wurde das gut verstanden.

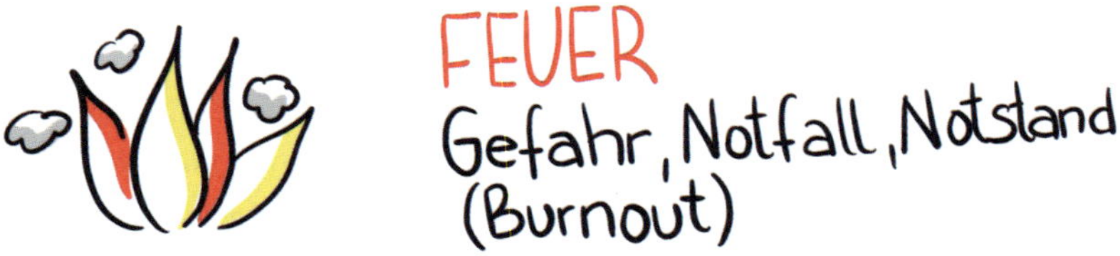

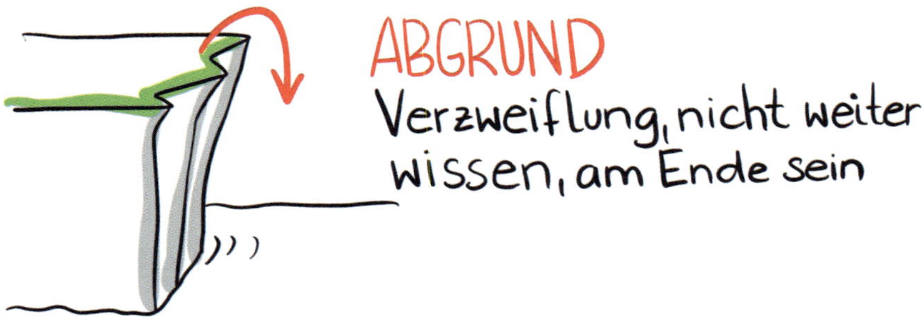

10.12: Feuer und Abgrund stehen für Gefahr und Verzweiflung.

Das Wort Bedrohung oder Gefahr kann natürlich auf unterschiedlichste Weise auf dem Flipchart wiedergegeben werden. Welche weiteren Piktogramme fallen dir dazu ein? Zeichne auf deinem Flipchart und entscheide, welches du am liebsten in Zukunft verwenden möchtest.

11 Vorlagen gestalten

Dieses Kapitel möchte Anfänger und Profis gleichermaßen ansprechen. Es liefert Anregungen, wie man Flipcharts für die unterschiedlichsten Gelegenheiten vorbereiten könnte.

Unabhängig vom Workshop-Thema gibt es Poster, die in keinem Meeting oder Training fehlen dürfen. Begrüßungs-Poster, Agenda-Poster und Feedback-Poster werden dir sicherlich schon häufig über den Weg gelaufen sein.

Meine Vorlagen kannst du entweder direkt abmalen, du kannst sie natürlich auch ergänzen, oder vielleicht inspirieren sie dich zu weiteren kreativen Schandtaten. Wenn du diese Poster vorbereitest und sie mit Haftnotizzetteln nutzt, kannst du das eine oder andere Poster sogar für eine andere Gelegenheit wiederverwenden.

Die folgenden Seiten sind gefüllt mit Postervorlagen, die du ganz einfach nachzeichnen, variieren oder auf deine eigenen Bedürfnisse anpassen kannst. Viel Spaß beim Stöbern!

Herzlich Willkommen – Das Willkommens-Poster

Das Willkommens-Poster eines Workshops hast du sicherlich schon viele Male gesehen. Aber wann hat es dich zuletzt wirklich angesprochen? Sorge dafür, dass man sich in deinem Workshop oder Team-Event willkommen fühlt, sobald man das erste Poster des Tages zu Gesicht bekommt.

Beim folgenden Poster ist der Titel klassisch oben mittig angeordnet. Deine Inhalte – vielleicht die Agenda des Tages – haben im Zentrum des Posters genügend Platz.

11.1: Ein klassisches Willkommens-Poster mit Platz für Text

Es ist sinnvoll, dass sich die Farbgebung deines Posters am Thema orientiert. Überlege dir, ob ein buntes Poster für dein Thema relevant ist. Im folgenden Beispiel ist das der Fall.

11.2: Hier darf es auch mal bunt sein.

Trockenere Themen können ganz einfach mit Logos aufgepeppt werden, dann wirkt das Poster direkt viel freundlicher und du kannst so auch ein bisschen Farbe aufs Poster bringen.

II.3: Logos so einfach wie möglich:

Bei Themen, die emotional schwierig sind, kannst du natürlich kein fröhliches Poster machen. Trau dich aber, auch solche Themen in eine Bildvokabel umzuwandeln.

11.4: Emotionales Thema – zurückhaltend umgesetzt

Brainstorming-Poster

Auch das Brainstorming-Poster lässt sich ideal vorbereiten und entlockt dem ein oder anderen vielleicht sofort eine zündende Idee.

II.5: Wo sind die guten Ideen?

Hier können die Ideen direkt auf das Poster geschrieben oder aber mittels Haftnotizzettel aufgeklebt werden.

11.6: Wer mit Haftnotizen arbeitet, kann das Poster für ein anderes Meeting wiederverwenden.

Agenda-Poster

Das Agenda-Poster ist das mit am häufigsten gemalte Flipchart-Poster. Hier findest du drei Varianten dazu.

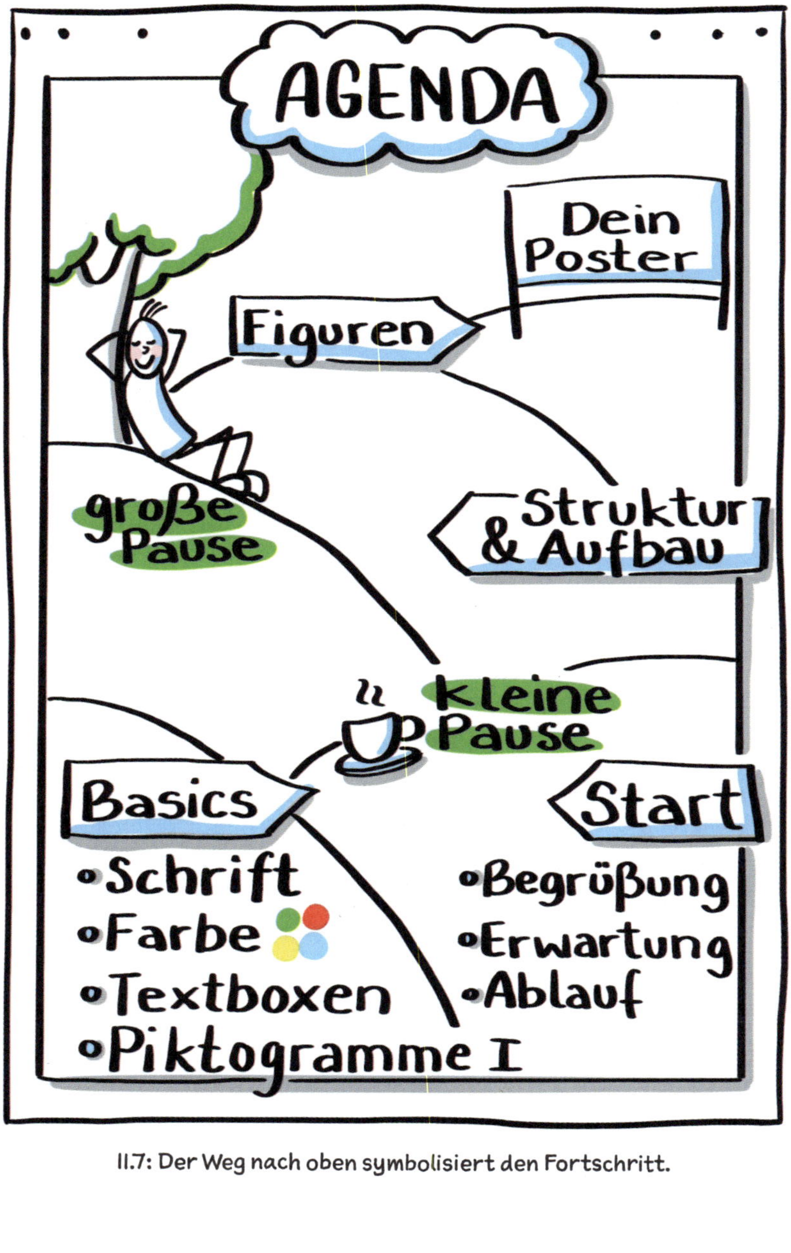

II.7: Der Weg nach oben symbolisiert den Fortschritt.

Im folgenden Beispiel habe ich die Bildmetapher »Busfahrt« gewählt. Vielleicht findest du noch weitere bildhafte Ausdrücke zum gleichen Thema, die im Workshop verwendet werden können.

II.8: Mit wenig Farbe in Szene gesetzt

Der Weg Richtung Sonne eignet sich gut für den Ablauf des Tages. Ich markiere die einzelnen Tagesordnungspunkte mit verschiedenen Farben, die die Teilnehmer später in den Sonnenstrahlen für ihr Feedback verwenden können.

II.9: Agenda und Feedback in einem

Vorlage für das Feedback

Am Ende jedes Seminars oder Workshops steht die für den Referenten wichtige Feedback-Runde an.

11.10: Was kommt mit, und was bleibt da?

Das Ballon-Feedback-Poster mag ich am liebsten, denn es zeigt, dass uns selbst negatives Feedback (hier in Form des Sandsacks, den man hinunterwirft) weiterbringt. Alle positiven Kriterien kommen auf die obere Hälfte des Plakats.

11.11: Was bringt uns visuell zum Fliegen?

Das Poster mit dem Magneten erklärt sich von selbst und ist außerdem zeichnerisch sehr leicht umsetzbar. Hier ist viel Platz – es eignet sich also besonders gut, wenn du mit umfangreichem Feedback rechnest.

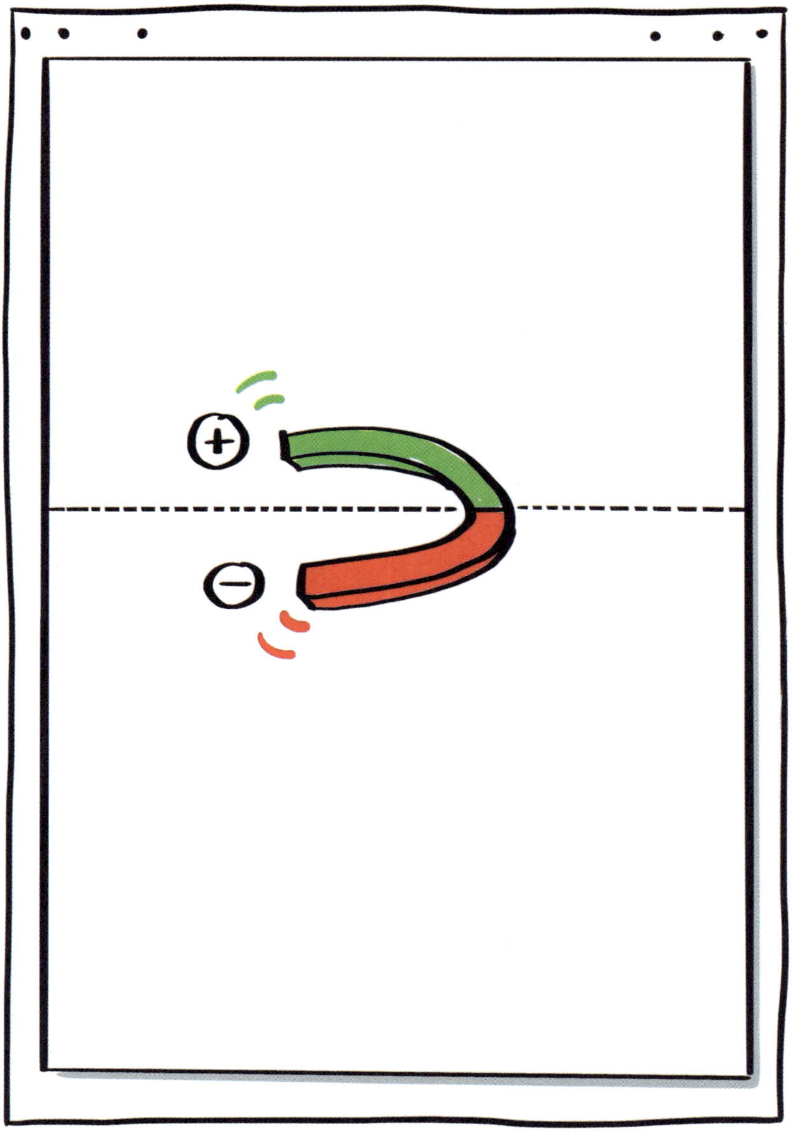

11.12: Einmal ohne Titel – der Magnet

Poster für ein Maßnahmenpaket

Auf diesem Poster habe ich den Titel unten mittig platziert und das Paket darüber.

11.13: Titel unten mittig

Barcamp-Poster

Für ein Barcamp braucht man sicherlich mehrere Poster, um alle Workshops darstellen zu können.

11.14: Die Theke kann mit Informationen um das Event beschriftet werden.

Poster für eine Vision

Die Vision leuchtet Gelb von der Mitte des Flipcharts. Nutze die Reduktion – auch hinsichtlich des Einsatzes von Farbe – als stilistisches Hilfsmittel.

11.15: Ausblick in die Zukunft:

SWOT-Analyse

Auch eine SWOT-Analyse kannst du besonders gut auf einem Poster darstellen und interaktiv mit den Teilnehmern bearbeiten.

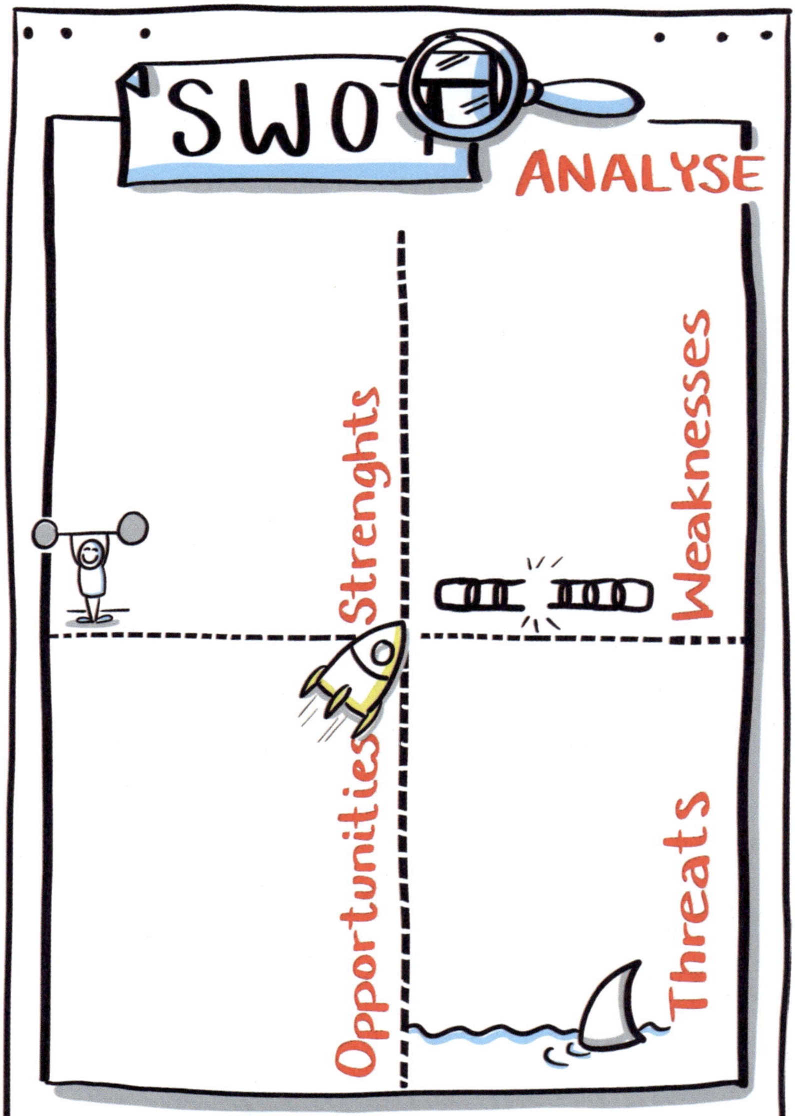

11.16: SWOT steht für (Strengths, Weaknesses, Opportunities und Threats)

Meilensteine

Auch die Vorlage für Meilensteine kann individuell umgestaltet werden. Lass deiner Kreativität freien Lauf.

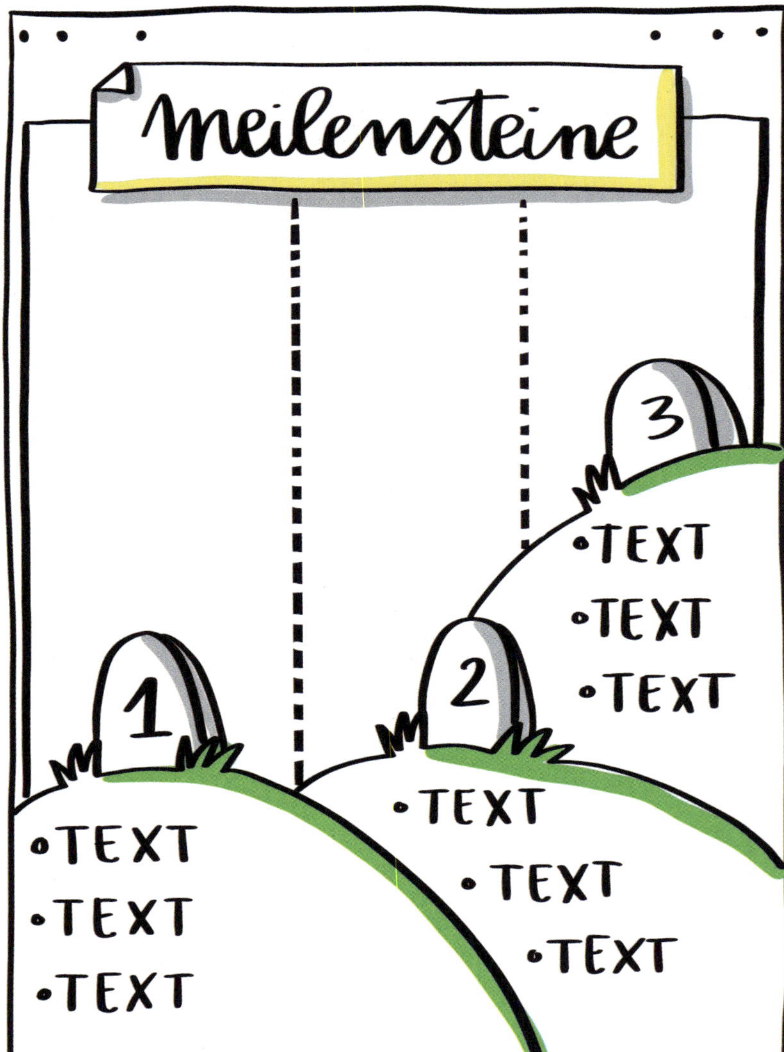

II.17: Himmel und Hügel liefern Platz für Text.

Gestrichelte Linien sehen manchmal besser aus, wenn es darum geht, auf dem Poster verschiedene Bereiche zu untergliedern. Um eine gerade gestrichelte Linie hinzubekommen, nimm dir ein 30cm-langes Lineal zur Unterstützung.

Na? Hat dich das eine oder andere Poster schon zu eigenen Kreationen inspiriert? Oder hast du vielleicht noch keine Zeit dazu gehabt, dir darüber Gedanken zu machen? Dann ist das nächste Kapitel jetzt vielleicht genau das richtige, denn darin geht es um das Thema Zeit.

12 Visualisieren unter Zeitdruck

Dieses Kapitel ist sozusagen deine ganz persönliche Visualisierungs-Reiseapotheke, wenn du so willst.

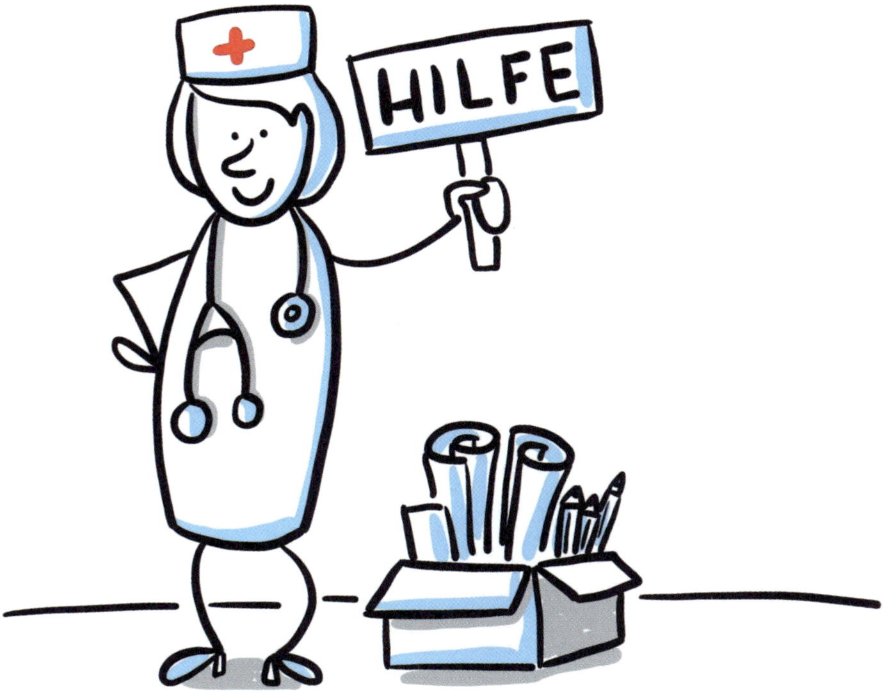

12.1: Erste Hilfe

Bis hierher hast du gelernt, wie du mithilfe diverser Techniken und Hilfsmittel ein schönes, ansprechendes und gut strukturiertes Poster malen kannst – eben alles, was man mit Zeit und Übung gut hinbekommen kann.

Jetzt geht es aber darum, dass man diese Zeit oft gar nicht hat. In den Workshops und Präsentations-Meetings muss es manchmal recht schnell gehen. Dann sollst du zackig und auf den Punkt vielleicht das Brainstorming zusammenfassen oder als Projektleiter ein paar Meilensteine formulieren und visuell festhalten. Und das sollst du bitte sofort machen und schnell und schön und vor allem: Vor aller Augen! Schluck!

12.2: Viele Zuschauer im Nacken …

Deine Visualisierungs-Reiseapotheke hat auf jeden Fall hilfreiche und Puls senkende Mittel parat, die dir dabei helfen, die oben beschriebenen Herausforderungen gut zu meistern.

Ich erkläre dir dabei, wie du dich richtig vorbereitest, was zu tun ist, wenn du Fehler machst (und glaub mir, Fehler passieren nun einmal) und was du tun kannst, wenn dir einfach nichts einfällt.

Vorbereitung

Du weißt, dass du in der bevorstehenden Besprechungsrunde am Flipchart mitschreiben sollst und möchtest das hier Gelernte gerne umsetzen. Ich kann dir jetzt schon sagen, dass eine gute Vorbereitung die halbe Miete ist.

Mach dir eine Checkliste, was du alles brauchst, um am Flipchart zu bestehen:

- Outliner schwarz
- Farben (aufgefüllt?)
- Papier im Raum?
- Flipchart-Halter im Raum?
- dünner Stift für Text

- Bildvokabeln schon mal überlegen
- Bleistift und Radiergummi
- Kreisschablone kann ebenso hilfreich sein

Der wichtigste Tipp - abseits des vorbereiteten Materials – ist, dir Vorüberlegungen zum Thema der Gesprächsrunde zu machen. Geht es um neue Vertriebsstrategien, dann wären diese Bilder geeignet:

12.3: Welche Bilder passen zum Thema?

Oder wird es ein Brainstorming zu möglichen Projekten im Bereich IT?

12.4: Computer und Co.

Wichtig ist natürlich auch, dass du dich mit den Produkten oder Dienstleistungen deiner Firma gut auskennst. Produziert ihr Autos? Dann solltest du Bildvokabeln zum Thema Automotive parat haben.

12.5: Der Bereich Automotive gibt viel her.

Denk dir einen Titel für dein Poster aus und bereite es schon einmal vor – entweder zu Hause, oder aber du kommst früher in den Sitzungsraum und zeichnest vor. Falls du dazu keine Zeit hast, reicht es auch aus, wenn du eine kleine Skizze auf einem DIN A4-Blatt anfertigst.

Falls alles sehr schnell gehen muss und du gar keine Zeit für Vorüberlegungen hast, dann heißt es: Einfach loslegen.

Mach dir auch schon einmal klar, welche Struktur du verwenden möchtest. Das wird dir beim Aufbau des Flipcharts sehr helfen.

Los geht's

Nun ist es so weit. Du stehst am Flipchart-Poster und hast deine Stifte und Bildvokabeln parat. Vielleicht moderierst du die Runde, oder einer deiner Kollegen übernimmt das.

Ich kenne das Gefühl, wenn man richtig aufgeregt ist und einem noch dazu alle über die Schulter schauen. Vergiss das aber einfach. Schnapp dir deinen schwarzen Marker, der für die Außenlinien zuständig ist, und beginne mit der Überschrift für die Gesprächsrunde. Ein Rahmen und ein bisschen Farbe lassen das sonst noch leere Poster schon gut aussehen.

12.6: Rahmen und Textbox sind ausnahmsweise schon gezogen.

Wichtig ist nun, dass du schon eine Idee von der Struktur hast. Sollen die Infos, die du sammelst, einfach durcheinander auf das Papier geschrieben (Brainstorming) werden, oder ist eine Struktur wichtig?

Was tun, wenn man sich verschreibt?

Das kommt vor, das kann ich dir schon mal sagen. Manchmal sieht man eben den Wald vor lauter Bäumen nicht, und dann fehlt plötzlich ein Buchstabe, oder man hat das englische Wort eben gerade nicht parat. Mir ist einmal folgender Fehler unterlaufen.

Während einer durchweg deutschen Gesprächsrunde fielen natürlich auch viele englische Begriffe. Ich schreibe und spreche ganz gut Englisch und hatte kein Problem mit dem Wort. Dachte ich. Denn obwohl ich wusste, dass man es anders schreibt, ist es doch falsch auf dem Plakat gelandet: Es hätte »Stakeholder« heißen müssen. Ich habe jedoch »Steakholder« geschrieben.

Mit solchen Fehlern muss man locker umgehen. Das sag ich dir gleich vorneweg. Außerdem gibt es verschiedene Möglichkeiten, zu retuschieren:

- Entweder überklebst du die Stelle mit einem Stück weißem Etikett und schreibst über den Fehler den neuen Text.
- Die zweite Möglichkeit, wenn die Stelle nicht allzu groß ist, ist mit Tipp-Ex darüber zu fahren und dann erneut über die Stelle zu schreiben.
- Die dritte Möglichkeit ist die Flucht nach vorne. Diesen Weg wählte ich, nachdem ich statt »Stakeholder« »Steakholder« geschrieben hatte.

12.7: Sich zu helfen wissen ...

Was tun, wenn dir nichts einfällt?

Wenn du unter Druck stehst und vor den Augen aller ein Flipchart-Poster zeichnen sollst oder als Moderator eines Workshops die gesammelten Inhalte festhalten möchtest, kann es dir passieren, dass du vor lauter Aufregung auch mal nicht weißt, welches z. B. die passendsten Bildvokabeln wären.

Hier ein paar Tipps, wie du in solchen Situationen locker bleibst und was du tun kannst.

Pfeilschnell reagieren

In einem der vorherigen Kapitel habe ich ja schon einmal darauf hingewiesen: Ein Pfeil macht sich immer gut. Pfeile symbolisieren immer einen dynamischen Vorgang und geben gleichzeitig auch eine Richtung vor. Außerdem erleichtern sie die Leserichtung und -abfolge. Wenn du also zu einem bestimmten Thema oder Begriff gerade einfach kein Piktogramm parat hast, schau doch mal, ob dein Poster nicht an irgendeiner Stelle einen Pfeil als Auflockerung verträgt. Er sollte natürlich nicht sinnlos irgendwo platziert sein. Aber selbst, wenn er nur die Leserichtung auf deinem Flipchart-Poster vorgibt, hat er seinen Zweck ja schon erfüllt.

12.8: Pfeilschnell unterwegs in der Visualisierung

Think Big

Bei allem Anspruch, dass ein Poster optisch etwas hermachen soll, darfst du den Inhalt natürlich nicht vergessen. Der Inhalt hat immer Vorrang gegenüber der Optik. Aber da dieses Buch dir ja auch dabei helfen soll, die Inhalte visuell ansprechend umzusetzen, kann ich dir diesen Hinweis mit gutem Gewissen ans Herz legen:

Ein gutes Piktogramm, das du als überaus gelungen erachtest, kann auch mal überdimensional groß aufs Poster gebracht werden. Das sieht gut aus, macht im Kontext Sinn, und du musst dir keine Gedanken mehr machen, wie du beispielsweise »Vertriebsstrategie« oder »Leistungsnachweis« in eine Bildvokabel packst. Da reicht dann auch der pure Text.

12.9: Think Big

Was tun, wenn das Bild total daneben geht?

Es gibt einige wirklich knifflige Bilder, die auch mit wenigen Strichen und viel Üben trotzdem irgendwie schwierig bleiben: Fahrräder etwa, verschränkte Arme oder vielleicht im Schneidersitz sitzen.

Was tun, wenn dein Piktogramm – ganz schnell aufs Papier geworfen – irgendwie plötzlich total falsch aussieht? Oder wenn der zu Hause mühevoll geübte Händedruck zweier Hände auf dem Poster zu einem optischen Rätsel gerät?

Wenn es dir nicht möglich ist, das Gemalte zu überkleben oder mit weißem Acrylstift oder Tipp-Ex zu überdecken, rate ich dir: Lass die Zeichnung so stehen – rühr sie einfach nicht an. Du weißt um den Fehler, und vielleicht wirst du später auch darauf angesprochen. Aber dazu sage ich nur: Bilder fördern die Kommunikation. So oder so.

12.10: Da stimmt was nicht ...

Ich hoffe, du fühlst dich nun gut gewappnet für alle Flipchart-Notfälle. Mit ein bisschen Humor wird schon alles gut gehen. Und mit dem Thema Humor geht es jetzt im nächsten Kapitel weiter.

13 Der kleine Humor möchte bitte am Ende des Buches abgeholt werden

Du wunderst dich vielleicht, warum es am Ende eines Buches, das sich mit Flipchart-Gestaltung und Visual Thinking beschäftigt, ein Kapitel gibt, das den Humor in der Visualisierung thematisiert. Mir war dieses Thema ungemein wichtig, und ich konnte meine Lektorin davon überzeugen, ihr zumindest ein Kapitel als Vorschlag mitzuliefern. Dass es auch am Ende vor ihren Augen bestehen konnte, erkennst du daran, dass du dieses Kapitel jetzt zu sehen bekommst. 🙂

Wenn ich von Humor spreche, so meine ich auch die ganze Bandbreite an Emotionen, die du mit der Visualisierung auslösen kannst. Der Grund, warum uns Bilder im Berufsleben so wichtig geworden sind, ist ja augenscheinlich auch ein emotionaler: sie berühren.

Bilder sollen im Gedächtnis hängen bleiben – so auch die Bilder, die du auf dein Flipchart bannst. Daher ist es wichtig, die Betrachter nicht nur inhaltlich abzuholen, sondern an mancher Stelle auch emotional zu berühren. Wie das gelingen kann, soll dir dieses Kapitel etwas näherbringen.

13.1: Eine Prise Humor schadet nie.

Emotion – ein Code

Menschen mit deiner Visualisierung zum Schmunzeln zu bringen hat etwas mit deinem Verständnis von Humor und deren Verständnis von Humor zu tun. Die Schnittmenge daraus ist der Moment, wenn man über deine Visualisierung lächelt oder sich darüber eine Diskussion entspinnt. Ähnlich wie bei den Bildercodes in **Kapitel 10 »Bildercodes knacken«**, muss auch der Humorcode geknackt werden. Das Poster bringt die Menschen dann nämlich zum Schmunzeln, wenn du etwas zeichnest, das jeder versteht. Analog lässt sich diese Regel auch auf alle anderen Emotionen anwenden.

Welcher Witz, welche Emotion am Ende auf das Papier kommt, musst du zwar selbst entscheiden, ich kann dir aber folgende Tipps mit auf den Weg geben, wie das für dein nächstes Flipchart-Poster gelingen kann:

- Monologe/Dialoge einbauen
- Gegenständen Leben einhauchen
- Sprichwörter und Phrasen wortwörtlich nehmen
- Charaktere kreieren

Monologe und Dialoge

Wenn du Zeit hast, ein Flipchart-Poster vorzubereiten, binde doch einfach einmal einen Dialog mit ein, der unter dir und deinen Kollegen bereits seit Wochen zum geflügelten Wort geworden ist, oder eine ironische Kritik, die im kommenden Meeting die Diskussion etwas anheizt. Aber Vorsicht: Hier ist Fingerspitzengefühl gefragt!

> Aber Vorsicht: Hier ist Fingerspitzengefühl gefragt! Wenn du das Gesagte aus dem Arbeitsalltag mit in dein Poster aufnimmst, solltest du darauf achten, dass niemand persönlich vorgeführt oder öffentlich diskreditiert wird.

13.2: Lass uns darüber sprechen.

13.3: Hilferuf

13.4: Die Zeit rennt davon.

Gegenständen Leben einhauchen

Emotionaler wird deine Visualisierung auf dem Flipchart, wenn du Gegenständen Leben einhauchst. Da darf der Koffer gerne mal Füße haben oder das Firmengebäude ein Gesicht. Ein paar Beispiele findest du in dem folgenden Bild.

13.5: Mit Gesicht wird es persönlich.

Sprichwörter

Phrasen und Sprichwörter sind im übertragenen Sinn nichts weiter als verbale Metaphern. Diese kannst du für dein Flipchart-Poster wunderbar nutzen, um Diskussionen in Gang zu bringen. Wenn sich Menschen auf die Bildsprache einlassen, d. h., wenn sie selbst Bilder als Metaphern nutzen, kommt oftmals eine sehr lebhafte Diskussion in Gang.

13.6: Würde auch ohne Text funktionieren ...

13.7: So ist es eben.

13.8: Klare Aussage

Der Text sollte immer in Kombination mit dem Bild verknüpft sein.

Charaktere kreieren

Wenn du innerhalb eines Workshops mehrere Flipchart-Poster kreierst, die so etwas wie ein Wegweiser durch den Tag sind, macht es sich gut, einen Charakter zu kreieren, der wie ein Moderator durch den Tag begleitet. Dabei kommt es nicht darauf an, eine möglichst komplizierte Figur zu Papier zu bringen, sondern einer simplen Figur eine optische Besonderheit zu verleihen. Ich habe mich in den folgenden Bildbeispielen für eine rote Krawatte entschieden.

13.9: Die Figur mit roter Krawatte bleibt im Kopf.

13.10: Eine Figur, die uns durch den Tag begleitet.

Ein Charakter, der während des Workshops auf deinem Flipchart-Poster auftaucht, kann im späteren Verlauf eines Projekts auch als Logo-Figur oder Key Visual (wiederkehrendes visuelles Motiv) dienen. Mehr zum Thema Charaktere findest du in **Kapitel 7 »Figuren & Tiere«**.

Ich hoffe, du konntest bis hierher viele Inspirationen zur Gestaltung deiner eigenen Flipchart-Poster sammeln.

Ich sage danke fürs Lesen und freue mich über deine künftigen Flipcharts, die du vielleicht mit meiner Hilfe gestalten wirst.

Wenn du sie auf Instagram oder Facebook zeigen möchtest, nutze einfach den Hashtag *#FLIPmitHeike*, damit ich dich finde und wir uns vernetzen können. Ich bin schon gespannt auf deine Poster und freue mich, von dir zu hören!

Auflösung zu den Bildercodes

Die folgenden Bilder sind meine Lösungsvorschläge für die Aufgaben aus Kapitel II »Bildercodes knacken«.

Homonyme

Homonyme sind, wie du dich sicher aus Kapitel II erinnerst, Begriffe, die im Deutschen zwei oder mehrere unterschiedliche Bedeutungen haben.

Zu folgenden Homonymen solltest du Piktogramme erfinden:

- BALL
- RASEN
- STRAUSS
- SCHLOSS
- HAHN

Hier meine Lösungen dazu:

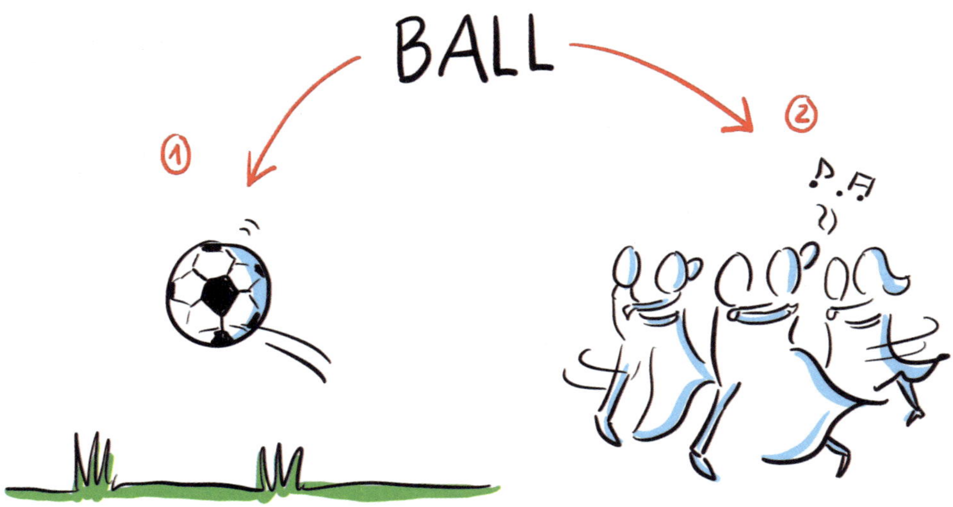

A.1: Von welchem Ball ist die Rede?

A.2: Schön grün oder schön schnell?

A.3: Kopf in den Sand oder einmal durch die Blume?

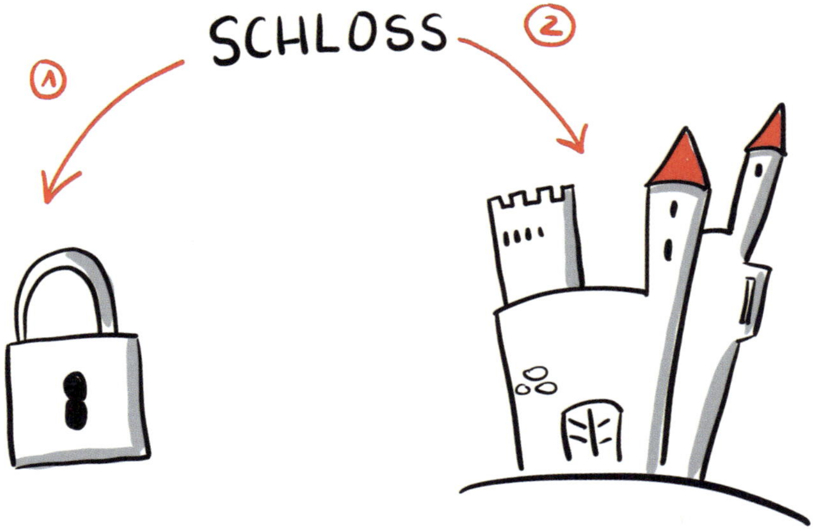

A.4: Fahrradschloss oder doch eher Königsschloss?

A.5: Macht beides Krach ...

Redewendungen

Hier war die Aufgabe, zu verschiedenen Redewendungen ein passendes Bild oder eine geeignete Wort-Bild-Kombination zu finden. Um folgende Redewendungen geht es:

- einen Eiertanz aufführen
- aus einer Mücke einen Elefanten machen
- jemanden an der Nase herumführen
- ein Klotz am Bein sein
- den Letzten beißen die Hunde

Bei den Redewendungen findest du wie in **Kapitel II** links die Aussage, mittig die angedeutete Überlegung und zutreffende Redensart und rechts das passende Piktogramm dazu.

A.6: Für »Rumeiern« kannst du auch ein anderes Bild finden.

A.7: Wer wird denn gleich alles so aufbauschen?

A.8: Man soll ja auch nicht alles glauben ...:

A.9: Klotz am Bein im Bild festgehalten.

A.10: Schneller sein als der Konkurrent wäre hier gut.

Literaturliste

Zu guter Letzt möchte ich dir noch ein paar tolle Bücher- und Link-Tipps mit auf den Weg geben, die dir bei der Visualisierung am Flipchart sicherlich auch weiterhelfen werden:

Flipchart

Sandra Dirks und Tanja Wehr: »Das große Flipchart-Vorlagen-Buch«

Sketchnotes und Bildvokabular

Tanja Wehr: »Die Sketchnote Starthilfe«

Tanja Wehr: »Die Sketchnote Starthilfe – Neue Bilderwelten«

Martin Haussmann: »bikablo 1-3«

Visualisierung

Robert Klanten, Anna Lena Schiller, Sven Ehmann: »Graphic Recording – Eine Anleitung zum Illustrieren von Meetings, Konferenzen und Workshops«

Brandy Agerbeck: »Der Wegweiser für den Graphic Facilitator«

Malte von Tiesenhausen: »Ad Hoc Visualisieren«

Abstraktion und Fragen stellen

Birgit Gurtner: »Reduktion. Schere im Kopf. Gestalten durch Abstrahieren«

Warren Berger: »Die Kunst des klugen Fragens«

Bildercodes

Christoph Niemann: »Sunday Sketching«

Material

Gutes Material (Papier und Marker für jede Gelegenheit) findest du auf der Seite von Neuland. Dort gibt es auch ein Übungsblatt für die Moderationsschrift zum selber Ausdrucken. Du kannst dort ebenso die Moderationsschrift als Font herunterladen und Dokumente mit dieser Flipchart-Schrift ausdrucken: www.neuland.com

Alles zum Whitelines-Papier und zur passenden App findest du hier: www.whitelinespaper.com/

Index

Index

Heike Haas

Figuren zeichnen
aus der Hüfte

Strichmännchen und Menschen schnell und einfach zeichnen

Mit schnellen Strichen einfache Figuren zeichnen lernen
Schwierige Details wie Hände oder Körperhaltungen meistern
Eigene Charaktere erschaffen und Figuren mit weiteren Elementen in Szene setzen
Zahlreiche Bildbeispiele und Zeichenvorlagen

Du möchtest schnell und ganz einfach Figuren zeichnen, auch wenn du denkst, dass dir die Begabung dazu fehlt? Heike Haas zeigt dir Schritt für Schritt und detailliert das Zeichnen aller Körperteile vom Kopf über den Körper, Arme und Beine bis hin zu Händen und Füßen.

Du lernst, wie du Mimik und verschiedene Körperhaltungen und auch schwierige Handhaltungen, Finger und Fußstellungen darstellen kannst. So wirst du ermutigt, selbst deine ersten eigenen Charaktere und ausdrucks-starken Figuren zu erschaffen.

Außerdem findest du zahlreiche Beispiele für Kleidung und du erfährst, wie du deine Figuren mit weiteren Elementen in Szene setzt, sei es mit zusätzlichem Text oder durch Interaktion mit Gegenständen oder der Figuren untereinander.

So bist du bestens vorbereitet, um deine eigenen lebendigen Figuren zu zeichnen.

ISBN 978-3-7475-0140-5

Probekapitel und Infos erhalten Sie unter:
www.mitp.de/0140

Tanja Wehr

Tanja Wehr

Die Sketchnote STARTHILFE

Zahlreiche Schritt-für-Schritt-Anleitungen für Symbole und Icons

Praktischer Leitfaden für alle, die glauben, nicht zeichnen zu können

Mit einem umfangreichen Kapitel zu Schriften und Handlettering

Dieses Buch erleichtert allen den Einstieg ins Sketchnoten, insbesondere auch denen, die von sich denken, nicht zeichnen zu können. Tanja Wehr zeigt im Buch über 200 Symbole, Icons und Piktogramme Schritt für Schritt, so dass du sie ganz einfach nachzeichnen kannst.

Du findest detaillierte Anleitungen zu allen Sketchnote-Elementen:

Mit zahlreichen Übungen und Tipps aus der Praxis gelingen dir die ersten Schritte mit spielerischer Leichtigkeit, so dass du die im Buch dargestellten Zeichnungen sofort umsetzen kannst.

ISBN 978-3-95845-366-1

Probekapitel und Infos erhalten Sie unter:
www.mitp.de/366

Tanja Wehr

Die Sketchnote STARTHILFE Neue Bilderwelten

Umfangreicher Business- und Sketchnote-Bilderwortschatz

Über 300 neue Bildvokabeln

Für Flipcharts, Meetings, Bullet Journals u.v.m.

Mit den bewährten zweifarbigen Strich-für-Strich-Anleitungen

Du hat schon erste Sketchnotes erstellt und bist auf der Suche nach weiteren Bildsymbolen? Du findest es schwierig, selber ganz neue Icons zu kreieren? Oder du brauchst Ideen, wofür du einzelne Symbole gut einsetzen kannst? Dann ist dieses Buch eine Goldgrube für dich.

In 25 Bilderwelten findest du über 300 neue Bilder zum Nachzeichnen anhand von Tanjas bewährten zweifarbigen Strich-für-Strich-Anleitungen.

Zusätzlich findest du zu jedem Symbol eine Auflistung von Begriffen und Metaphern, für die du das Bild einsetzen kannst.

Ein umfangreicher Index mit allen Symbolen und den dazugehörigen Einsatzmöglichkeiten macht das Buch zu einem hilfreichen Nachschlagewerk.

Das Buch dient dir als umfangreiche Inspirationsquelle sowohl zum Zeichnen als auch für den konkreten Einsatz der Symbole. So kannst du deinen Bildwortschatz erweitern und zahlreiche Ideen für deine eigene Bildsprache finden.

ISBN 978-3-95845-507-8

Probekapitel und Infos erhalten Sie unter:
www.mitp.de/507